U0035163

世間唯愛與美食不可辜負

我愛沙拉

以蔬菜、輕食、水果入菜，
健康、自然、美味的147道沙拉料理。

楊塵——著

自己喜歡並且適合的食物便是美食
美食沒什麼必然性，

太平盛世豐衣足食，食物複雜而食品添加劑橫行，在這樣的年代，如何減輕飲食對身體的嚴重負擔，變成一個重要課題，輕食主義便是因應這樣的環境再度復甦，輕食主義是相對于油膩厚重飲食的相對主張，其代表飲食便是沙拉Salad。西餐中的沙拉相當於中餐中的涼菜或前菜，沙拉的食材非常豐富，舉凡蔬菜、水果、五穀雜糧、堅果、種子、海鮮、肉類甚至花朵皆可入菜，沙拉可以全素也可以葷素搭配，但新鮮的季節蔬菜和水果永遠是沙拉的主角。

沙拉的製作相對於滋味厚重的主菜要簡單而快速，新鮮的食材和乾淨的清洗是備料的重點，雖然有機食材更受推崇，但來源取得有限的情況之下，更重要的是確保食物的清洗程序。新鮮蔬菜和水果清洗掉雜物和泥土之後最好有一個大約十五分鐘的浸泡時間，可以有效去除大部份的農藥殘留，蔬菜在製作沙拉之前一定要甩乾殘水以免影響口感、味道以及醬料的成型。水果一般削皮使用，不削皮的水果一定要是沒打蠟的，而且要用毛刷把皮刷洗乾淨。即使是可食用花卉也不能隨便從鮮花店或菜市場購來食用，鮮花店和菜市場的花卉一般都是觀賞用的，除了農藥殘留可能還加了保鮮劑和增豔劑，一定要確認可食用花卉的來源或者自己摘種使用。五穀雜糧尤其是乾燥豆子大部份要用水清洗再浸泡，這樣比較容易煮得熟軟。堅果和種子最好密封保存，如果有油耗味代表日期過久已不新鮮，新鮮堅果和種子若稍加烘烤最能帶出其迷人香氣，口感也會更加酥脆。

　　沙拉的食材一般只是食物的原始味道，沒有醬料的沙拉有些人形容好像動物吃草，因而醬料便是沙拉的靈魂，食材的準備沒有太多學問，而醬料的調製卻是一門藝術，有些餐廳或大廚都有一些獨家醬料祕方，甚至從不對外公開。外面雖然也有很多市售的醬料可供方便使用，但味道不見得適合個人口味，況且由於其保存和運輸等因素考量，其中會添加諸多我們不必要的食品添加劑或防腐劑，因此醬料最好還是在沙拉製作過程現場製作最佳，味道濃淡還可根據需要當場調整。

　　從營養的角度來看，蔬菜和水果生吃最能保有食物的原始營養元素，經過高溫烹調的蔬菜和水果會破壞食物的營養，沙拉的主力食材即是新鮮的蔬菜和水果，這也是現代輕食主義的精髓所在。營養、健康和美味永遠是飲食的重點，美食其實沒什麼必然性，自己喜歡並且適合的食物便是美食，花花世界虛虛實實無關緊要的東西太多，但凡會進入你體內和心靈的都至關重要，包括食物，性，言語和感情。

　　本書只是把個人日常生活飲食在沙拉製作方面做了一個整理，其中有一部份的食材是自己栽種尤其是香草和食用花卉，個人剛好喜歡攝影和寫作於是集結成冊祈能分享同好。我愛沙拉，能自由組合創作，是一種美好的家庭料理，有著令人無法忘懷的味道，在此感謝每一道料理背後付出的親人和朋友。

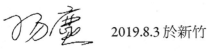

2019.8.3 於新竹

目錄
Contents

蔬菜沙拉

蔬菜沙拉

雙色洋蔥番茄沙拉

做法：

1. 蔬菜全部洗淨瀝乾，白洋蔥和紫洋蔥去皮切絲，放入冰水中冰鎮二十分鐘，取出後用手擠乾多餘的水，放入沙拉碗中備用。
2. 紅色和橘色番茄縱向切對半，放入裝洋蔥絲的沙拉碗上，接著加入檸檬羅勒的花朵及嫩葉。
3. 撒一些黑胡椒碎和海鹽，再淋些現榨檸檬汁和初榨橄欖油調味。
4. 食用時拌勻即可。

名詞解釋：（後續如出現不同之食材、調料名詞請參照本處）
· 四色胡椒碎：由黑、白、紅、綠四種顏色胡椒磨碎混合而成。
· 優格＝酸奶
· 奶油＝黃油
· 鮮奶油＝淡奶油
· 乳酪＝奶酪＝起司
· 酪梨＝牛油果
· 紫梗羅勒＝九層塔
　＝泰國羅勒＝紅莖羅勒
· 卷葉萵苣＝西生菜
· 綠櫛瓜＝西葫蘆
· 番薯＝紅薯
· 馬鈴薯＝土豆
· 番茄＝西紅柿
· 蜜蜂草＝香蜂草
· 鮭魚＝三紋魚

食材：

· 紅色小番茄
· 橘色小番茄
· 白洋蔥
· 紫洋蔥
· 檸檬羅勒
· 檸檬

調料：

· 黑胡椒碎
· 海鹽
· 初榨橄欖油

1

2

3

4

5

6

紫蘇薄荷茉莉莎拉

做法：

1. 把紫蘇、薄荷、茉莉洗淨後用乾殘水，接著直接混合裝盤。
2. 腰果和羅勒籽用小煎鍋烤香放涼後直接撒在裝盤的香草上，接著撒少許海鹽和黑胡椒碎。
3. 巴沙米可醋、蜂蜜、檸檬汁和初榨橄欖油拌勻調成蜂蜜油醋醬，把醬汁淋在香草上。
4. 食用時拌勻即可，配烤麵包和咖啡相當對味。

食材：

· 紫蘇
· 薄荷
· 茉莉
· 腰果
· 羅勒籽

調料：

· 巴沙米可醋
· 蜂蜜
· 檸檬汁
· 海鹽
· 黑胡椒碎
· 初榨橄欖油

1

2

3

4

5

6

03 檸檬羅勒香草沙拉

做法：

1. 所有蔬菜洗淨甩乾殘水，紫洋蔥去皮切絲，青椒去蒂、去籽、切絲，小番茄切對半，薄荷及香菜取嫩葉，檸檬羅勒取嫩葉及花朵。
2. 把檸檬羅勒花朵以外的食材散置於沙拉盤上，然後把檸檬羅勒花朵鋪於中央。
3. 撒上黑胡椒碎及岩鹽，淋上新鮮檸檬汁及初榨橄欖油。
4. 食用時拌勻即可。
5. 配一些大蒜烤法式麵包當成正餐的前菜來食用。

食材：

· 檸檬羅勒
· 薄荷
· 香菜
· 紫洋蔥
· 青椒
· 聖女小番茄

調料：

· 黑胡椒碎
· 岩鹽
· 新鮮檸檬汁
· 初榨橄欖油

夢幻番茄乳酪沙拉

做法：

1. 小番茄洗淨縱向切對半後直接擺盤，撒上岩鹽、黑胡椒碎和檸檬羅勒，淋上初榨橄欖油並均勻擠一些檸檬汁上去。
2. 取張有圓洞的紙張蓋在盤上，朝圓洞刨帕瑪森乳酪絲上去，在有乳酪的地方撒上芡毆鼠尾草的花朵。

食材：

· 橘紅色和紅色小番茄
· 檸檬羅勒
· 帕瑪森乳酪
· 芡毆鼠尾草花朵
· 檸檬

調料：

· 初榨橄欖油
· 岩鹽

大盤沙拉（一）

做法：

1. 蔬菜全部洗淨甩乾水份，紫洋蔥去皮切絲，紅燈籠椒和青椒去籽切絲，小番茄橫向切薄片，小黃瓜去皮切薄片，檸檬用刮皮刀刮取檸檬皮絲。
2. 取一大盤把以上蔬菜散置於盤上，接著撒滿檸檬羅勒嫩葉及花朵、紫梗羅勒花朵、薄荷葉、檸檬皮絲、希臘山羊乳酪。
3. 最後撒黑胡椒碎、海鹽並淋上新鮮檸檬汁及初榨橄欖油。
4. 食用前再拌勻分裝即可。

註：此道菜可當成聚餐宴會沙拉。

食材：		調料：
・紫洋蔥	・小黃瓜	・黑胡椒碎
・小番茄	・檸檬	・海鹽
・紅燈籠椒	・希臘費塔山羊乳酪	・初榨橄欖油
・青椒	・檸檬羅勒	
	・紫梗羅勒	
	・薄荷	

1

2

3

4

5

大盤沙拉（二）

做法：

1. 蔬菜全部洗淨瀝乾，紅色和橘色番茄縱向切對半，紫洋蔥去皮切絲，青椒去籽切絲。
2. 蒜香麵包切小丁，煎鍋放橄欖油開中火把麵包丁煎香後取出備用。
3. 雞蛋打散加些海鹽和黑胡椒碎，煎鍋加橄欖油開中火，蛋液放入迅速移動煎鍋把蛋液煎成一張蛋皮，取出後放涼切成絲。
4. 取一大盤把雙色小番茄擺中間，青椒和紫洋蔥放在大盤邊沿，把麵包丁和蛋絲放在番茄上，然後撒上山羊乳酪、檸檬羅勒花苞與嫩葉、黑胡椒碎、海鹽，最後淋上香草醋及初榨橄欖油。
5. 食用前拌勻並分裝到小盤。

註：此道可當成宴會聚餐的前菜。

食材：

・紅色小番茄
・橘色小番茄
・青椒
・紫洋蔥
・蒜味麵包
・雞蛋
・檸檬羅勒
・希臘費塔山羊乳酪

調料：

・黑胡椒碎
・海鹽
・初榨橄欖油
・香草醋

小地榆山羊乳酪沙拉

做法：

1. 小地榆取嫩芽部分洗淨瀝乾。
2. 小番茄洗淨縱向對半切。
3. 紅燈籠椒去蒂挖籽後切小丁。
4. 費塔山羊乳酪切小丁。
5. 取一玻璃大碗把以上食材放入，然後撒上黑胡椒碎、乾燥荷蘭芹碎、白葡萄酒醋、岩鹽和初榨橄欖油。
6. 食用時拌勻即可。

註：費塔山羊乳酪已經很有鹹味，因此岩鹽要酌量不可加太多。

食材：

· 小地榆
· 小番茄
· 紅燈籠椒
· 希臘費塔山羊乳酪

調料：

· 黑胡椒碎
· 乾燥荷蘭芹碎
· 白葡萄酒醋
· 岩鹽
· 初榨橄欖油

1

2

3

香草番茄乳酪沙拉

做法：

1. 水果和香草全部洗淨，蘋果削皮去籽切薄片，小番茄縱向切對半，香草甩乾殘水摘取嫩葉。
2. 取沙拉盤，蘋果片鋪盤底，小番茄放在蘋果片上，小茴香、小地榆、香蜂草、薄荷散撒於盤面，放入烤過的杏仁果、腰果、南瓜子，接著撒上切碎的藍紋乳酪、黑胡椒碎、海鹽，最後淋上茴香醋、初榨橄欖油，食用時拌勻即可。
3. 配上迷迭香烤小麵包、玫瑰花茶、水果，當早餐。

食材：	調料：
・小番茄	・黑胡椒碎
・小茴香	・海鹽
・小地榆	・茴香醋
・香蜂草	
・薄荷	
・藍紋乳酪	
・杏仁	
・腰果	
・南瓜子	
・蘋果	

09

紫甘藍黃椒沙拉

做法：

1. 蔬菜全部洗淨後瀝乾；洋蔥和紫甘藍菜切絲；小番茄較小的切對半，較大的切四等份；黃椒去蒂去籽後切絲；檸檬羅勒洗淨後摘取花朵。
2. 洋蔥絲鋪於盤底；小番茄繞邊沿排一圈；黃椒絲鋪在內圈；紫甘藍絲堆疊於中央。
3. 撒上切碎的藍黴乳酪及檸檬羅勒花朵。
4. 再撒一些黑胡椒碎和岩鹽調味。
5. 最後淋上新鮮檸檬汁、白葡萄酒醋及初榨橄欖油。
6. 食用時拌勻即可。

食材：
・檸檬羅勒
・藍黴乳酪

・紫甘藍菜
・黃色燈籠椒
・白洋蔥
・紅色聖女小番茄

調料：
・新鮮檸檬汁
・白葡萄酒醋
・黑胡椒碎
・初榨橄欖油
・岩鹽

1

2

3

4

茴香醋

做法：

1. 每年六、七月時翠綠的小茴香枝梗開始開出黃色傘型的花朵，接著開始結籽，小茴香籽帶甜味常會吸引螞蟻成群結隊前來覓食。
2. 摘取新鮮的小茴香嫩葉、花朵和種子洗乾淨後瀝乾，連同從市面買回的大茴香籽（八角）一起裝入一個用熱開水燙過的玻璃瓶裡。
3. 倒入白葡萄酒醋淹過所有的茴香香料，放置於陰涼處一個月後即可使用。
4. 海鮮沙拉、魚排醬汁、豬肉料理都可以使用小回香醋去腥和增加風味。

食材：

· 小茴香
· 大茴香籽（八角）
· 白葡萄酒醋

1

2

3

4

小黃瓜番茄蘿蔔酪梨沙拉

做法：

1. 蔬菜全部洗淨瀝乾，小黃瓜和櫻桃蘿蔔切薄片，每顆小番茄縱向切四瓣，酪梨去皮去籽切小塊，紫洋蔥切碎末，腰果事先烤至焦黃，檸檬榨汁備用，油漬緹魚提前搗碎。
2. 取小碟加入迪戎芥末醬、蜂蜜、初榨橄欖油、新鮮檸檬汁、緹魚碎末，攪拌均勻調成醬汁。
3. 把小黃瓜、櫻桃蘿蔔、小番茄、酪梨切片分別散置沙拉碗裡，撒上紫洋蔥碎末、腰果、薄荷嫩葉、乾燥椰蓉，最後淋上醬汁。
4. 食用時拌勻即可，搭配麵包和咖啡當早餐，或是當正餐的前菜食用。

食材：	・薄荷	調料：
	・腰果	
・小黃瓜	・乾燥椰蓉	・初榨橄欖油
・小番茄	（椰子粉）	・蜂蜜
・櫻桃蘿蔔		・新鮮檸檬汁
・酪梨（牛油果）		・法式迪戎芥末醬
・紫洋蔥		・油漬緹魚

1

2

3

4

5

6

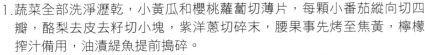

小番茄洋蔥緹魚沙拉

做法:

1. 蔬菜全部洗淨瀝乾,紅黃二色小番茄縱向切四瓣,大番茄切塊,紫洋蔥去皮切絲,羅勒摘取嫩葉,罐頭緹魚打開後不要油,只取魚柳切小塊,羅勒一半切碎。
2. 取一大沙拉碗放入初榨橄欖油、酸豆、緹魚塊、紅酒醋、海鹽、黑胡椒碎、切碎的羅勒,再把各種番茄和洋蔥絲放入和以上所有醬料拌勻後裝盤。
3. 裝盤後再撒上新鮮的羅勒葉當裝飾。

註:緹魚相當鹹,因此加海鹽調味時要斟酌減量。

食材:

・紅色小番茄
・黃色小番茄
・紫洋蔥
・大番茄
・羅勒
・油漬緹魚罐頭
・酸豆
　(續隨子花苞)
・紅酒醋

調料:

・初榨橄欖油
・海鹽
・黑胡椒碎

1

2

3

4

5

極簡易紫蘇沙拉

做法：

1. 紫蘇洗淨後瀝乾，摘取嫩葉裝盤。
2. 巴沙米可醋和蜂蜜混合攪拌製成醬汁，淋在紫蘇上。
3. 撒上預先炒香的白芝麻，並撒一些茉莉花朵裝飾並增加香氣。
4. 食用時拌勻即可，配烤麵包及咖啡當中午簡餐。

食材：

· 紫蘇
· 茉莉
· 白芝麻

調料：

· 義大利巴沙米可醋
· 蜂蜜

小黃瓜蘿蔔橙子沙拉

做法：

1. 蔬菜水果全部洗淨瀝乾，小黃瓜和櫻桃蘿蔔切薄片，橙子去皮依果瓣方向取肉，下面放一個沙拉碗盛接流出來的果汁，橙肉取出後切小塊。
2. 把小黃瓜片、櫻桃蘿蔔、橙子肉塊放入原沙拉碗，撒入小茴香嫩葉、黑胡椒碎、海鹽，淋上初榨橄欖油和蘋果醋，把全部食材拌勻後裝盤。
3. 此道小菜是一道夏日清爽的涼菜，也可以做為燒烤類較為油膩菜餚的配菜。

食材：

· 小黃瓜（青瓜）
· 櫻桃蘿蔔
· 橙子
· 小茴香

調料：

· 初榨橄欖油
· 海鹽
· 黑胡椒碎
· 蘋果醋

1.

2.

3.

4.

5.

小番茄凱薩沙拉

做法：

1. 蔬菜全部洗淨瀝乾，羅曼萵苣放入冰箱冷藏一小時後取出用手掰成小段。
2. 紅黃二色小番茄縱向切對半。
3. 煎鍋放油把切小片的培根煎至焦黃後取出備用，蒜香口味法棍麵包切小丁後放入原煎鍋煎香後取出備用。
4. 取一大沙拉碗把罐頭緹魚條、大蒜泥、迪戎芥末醬、蜂蜜、檸檬汁和初榨橄欖油攪拌均勻調成醬料，放入羅曼萵苣和小番茄拌勻後裝盤。
5. 裝盤後撒上煎好的培根片和麵包丁，撒少許黑胡椒碎，最後刨上帕瑪森乾酪絲。
6. 食用時把配料拌勻即可，當早餐沙拉或正餐的前菜皆可，醬汁口味濃郁可配咖啡或白葡萄酒。

食材：

· 羅曼萵苣
· 紅黃兩色小番茄各一份
· 蒜香口味法棍麵包
· 培根豬肉片
· 油漬緹魚罐頭
· 法式迪戎芥末醬
· 帕瑪森乾酪
· 大蒜瓣

調料：

· 黑胡椒碎
· 海鹽
· 蜂蜜
· 檸檬汁
· 初榨橄欖油

烤魷魚番茄沙拉

做法：

1. 小番茄和大番茄分別切瓣，檸檬刮皮取絲後榨汁，小茴香籽舂成粉，紫洋蔥切絲。
2. 魷魚從腹部切開後洗淨去皮，攤平後在肉內側劃菱形紋路，然後切成大約寬三到四公分的長條，加海鹽、黑胡椒碎、小茴香粉、乾辣椒末和初榨橄欖油，用手拌勻後醃五分鐘。
3. 把醃好的魷魚放在烤網上，連同烤盤放入二百度已預熱十五分鐘的烤箱，續烤八至十分鐘後出爐取出放入沙拉碗裡。
4. 把切好的番茄瓣和洋蔥絲一起放入沙拉碗，加少許檸檬汁、海鹽、黑胡椒碎和初榨橄欖油攪拌均勻即可裝盤。
5. 裝盤後撒上檸檬皮絲和小茴香嫩葉。

註：此道是參考傑米・奧利佛的食譜而做。

食材：	・新鮮小茴香	調料：	・乾辣椒末
	・檸檬		
・魷魚	・小茴香籽		・初榨橄欖油
・大番茄	・紫洋蔥		・海鹽
・小番茄			・黑胡椒碎

洋蔥番茄柴魚沙拉1

做法：

1. 蔬菜全部洗淨，洋蔥去皮切絲用冰水冰鎮二十分鐘後撈出，把殘水擠乾後備用，番茄切瓣，荷蘭芹略切碎。
2. 大蒜瓣去皮切末，小煎鍋放油開小火把蒜末煎炒成金黃色後取出備用。
3. 取一大沙拉碗，把洋蔥絲、番茄瓣、柴魚片和炒香的大蒜末放入，撒上海鹽、黑胡椒碎、乾辣椒碎，淋一些甜米醋及初榨橄欖油，把以上食材全部拌勻裝盤。
4. 裝盤後撒上新鮮的荷蘭芹碎。

註：如果沒有甜米醋就用一般白醋加些白砂糖亦可。

食材：

- 洋蔥
- 番茄
- 大蒜瓣
- 柴魚
  （煙熏鰹魚乾刨片）
- 荷蘭芹

調料：

- 乾辣椒碎
- 海鹽
- 甜米醋（味醂）
- 初榨橄欖油

18

五分鐘小番茄沙拉

做法：

1. 小番茄洗淨後縱向切對半並直接放入沙拉碗裡。
2. 撒上岩鹽、黑胡椒碎、檸檬羅勒嫩葉和花苞，淋上初榨橄欖油和薄荷醋，最後刨一些帕森乳酪絲上去。
3. 食用時拌勻即可，這是一道經典又快速的沙拉，基本上五分鐘內可以完成。

註：薄荷醋可以自己預先製作，用白葡萄酒醋浸泡新鮮薄荷兩周即可使用。

食材：

· 紅色和橘色小番茄
· 檸檬羅勒
· 帕瑪森乳酪

調料：

· 初榨橄欖油
· 岩鹽
· 黑胡椒碎
· 薄荷醋

烤雙椒番茄洋蔥沙拉

做法：

1. 蔬菜全部洗淨瀝乾，紅黃二色甜椒去蒂切瓣去籽，番茄去蒂切瓣，紫洋蔥切絲。
2. 把紅黃二色甜椒、帶大蒜瓣和新鮮百里香放入烤盤，撒一些黑胡椒碎和岩鹽再淋上橄欖油，稍微拌勻後放入二百三十度已預熱十五分鐘的烤箱續烤三十分鐘，出爐後把百里香丟棄把大蒜瓣去皮。
3. 把烤好的甜椒和大蒜瓣放入大沙拉碗，把番茄瓣、洋蔥絲、切碎的緹魚、酸豆也一起加入，淋上檸檬汁和雪莉酒醋，撒些岩鹽和黑胡椒碎，把所有的食材拌勻後裝盤。
4. 裝盤後撒些檸檬羅勒的花苞和嫩葉當調味和裝飾。

註：緹魚相當鹹因此和之後的岩鹽調味用量都要斟酌。

食材：

· 紅甜椒
· 黃甜椒
· 番茄
· 紫洋蔥
· 大蒜瓣
· 檸檬羅勒
· 酸豆
· 油漬緹魚罐頭
· 百里香

調料：

· 雪莉酒醋
· 黑胡椒碎
· 岩鹽
· 初榨橄欖油

1

2

3

20

秋葵雙色小蕃茄沙拉

做法：

1. 蔬菜全部洗淨，紅黃雙色小番茄橫向切細片，大蒜瓣去皮切末。
2. 秋葵整只放入加鹽的滾水汆燙一分鐘後撈出，放入冰水冰鎮五分鐘後去蒂切成細片。
3. 把小番茄、秋葵片、大蒜末放入沙拉碗，撒入岩鹽，捏碎的香菜籽，並淋上初榨橄欖油，拌勻後裝盤。
4. 裝盤後撒上新鮮的小茴香花朵。

食材：

・秋葵
・紅色小番茄
・黃色小番茄
・小茴香
・大蒜瓣

調料：

・岩鹽
・初榨橄欖油
・香菜籽

1

2

3

彩絲沙拉

做法：

1. 蔬菜全部洗淨瀝乾，胡蘿蔔刨細絲，甘藍、紫甘藍、紫洋蔥切細絲，
香菜切碎，檸檬刷洗乾淨用刮皮器刮取檸檬絲。
2. 把上述各種蔬菜絲在沙拉碗中混合後，加入淡奶油、原味優酪乳、黑
胡椒碎、海鹽、白葡萄酒醋，拌勻後裝盤。
3. 裝盤後撒些剩下的香菜碎。

食材：

· 紫甘藍菜
· 甘藍菜
· 胡蘿蔔
· 紫洋蔥
· 香菜
· 檸檬

調料：

· 原味優酪乳
· 淡奶油
· 黑胡椒碎
· 海鹽
· 白葡萄酒醋

22

多種蔬菜沙拉

做法：

1. 蔬菜全部洗淨瀝乾，蘿曼萵苣用手掰成小段，小黃瓜和櫻桃蘿蔔切薄片，小番茄縱向切對半放入烤箱用一百度烤二小時後取出備用。
2. 杏仁片用小煎鍋烤香後備用，醃漬橄欖和小洋蔥切片備用。
3. 緹魚搗碎加蜂蜜、迪戎芥末醬、檸檬汁，初榨橄欖油，攪拌均勻調成醬汁。
4. 把蔬菜和番茄散置於沙拉盤裡，放入醃漬的橄欖、洋蔥和酸豆以及烤好的杏仁片，最後放新鮮薄荷以及撒上黑胡椒碎並淋上調好的醬汁。
5. 食用時拌勻即可。

食材：	·杏仁片	調料：
	·醃漬橄欖	
·蘿曼萵苣	·醃漬小洋蔥	·法式迪戎芥末醬
·小番茄	·醃漬酸豆（續隨子花苞）	·蜂蜜
·小黃瓜		·檸檬汁
·櫻桃蘿蔔	·醃漬緹魚	·初榨橄欖油
·薄荷		·黑胡椒碎

1

2

3

4

5

馬拉松選手沙拉

做法：

1. 無花果洗淨瀝乾後切瓣並直接散置於沙拉盤。
2. 伊比利亞火腿或帕瑪森火腿切片用手撕成小片散置於無花果上。
3. 撒上新鮮薄荷葉和黑胡椒碎，最後淋上少許檸檬橄欖油即可。

註：無花果具豐富花青素和多種維生素，可增強免疫力和養護眼睛，
是古希臘訓練馬拉松選手的必備食物，是歐洲歷史很古老的水果。

食材：

· 無花果
· 伊比利亞火腿或帕瑪
　森火腿
· 薄荷

調料：

· 黑胡椒碎
· 檸檬橄欖油

24

簡易番茄洋蔥沙拉

做法：

1. 蔬菜全部洗淨，小番茄縱向切對半，洋蔥去皮切絲，黃色燈籠椒去籽切絲，檸檬羅勒摘取花朵和嫩葉。
2. 紫洋蔥絲和黃燈籠椒絲散置於盤底，把切好的小番茄鋪在中間，檸檬羅勒花朵和嫩葉撒在番茄上面。
3. 撒上黑胡椒碎、海鹽，擠一些檸檬汁並淋上初榨橄欖油。
4. 食用前拌勻即可
5. 可以當前菜配烤麵包食用。

食材：

·小番茄
·紫洋蔥
·黃色燈籠椒
·檸檬羅勒
·檸檬

調料：

·黑胡椒碎
·海鹽
·初榨橄欖油

1

2

3

4

5

西班牙火腿沙拉

做法：

1. 小番茄切對半，放入100度的烤箱烤二個半小時製成風乾小番茄。
2. 奶油小萵苣、新鮮荷蘭芹洗淨瀝乾後鋪於盤底。
3. 新鮮小番茄切成四瓣放在綠色蔬菜上，接著鋪上西班牙火腿，撒上風乾
   小番茄及刨一些帕瑪森乾酪薄片加上。
4. 撒一些黑胡椒碎及微量海鹽。
5. 最後淋上由巴沙米可醋、蜂蜜、初榨橄欖油調合而成的醬汁。
6. 食用時拌勻即可。

註：西班牙火腿及巴沙米可醋皆帶有鹹味，因此用海鹽調味時要酌量。

食材：	調料：
·奶油小萵苣	·義大利巴沙
·荷蘭芹	米可醋
·風乾小番茄	·蜂蜜
·新鮮小番茄	·黑胡椒碎
·西班牙火腿	·海鹽
·帕瑪森乾酪	·初榨橄欖油

清爽怡人冰草沙拉

做法：

1. 蔬菜全部洗淨瀝乾殘水，羅曼萵苣用手掰成小段，小番茄縱向切對半，小黃瓜和櫻桃蘿蔔切薄片，洋蔥去皮切絲，冰草用手掰成小葉，腰果事先烤成焦黃。
2. 油漬緹魚柳用叉子搗碎後加初榨橄欖油、檸檬汁、蜂蜜和迪戎芥末醬混合攪拌成醬汁。
3. 把備好的蔬菜散置於沙拉盤裡，撒上腰果和葡萄乾，淋上醬汁，食用時拌匀即可。
4. 這是一道清爽型的沙拉，很適合炎熱或乾燥的時節來食用。

食材：
・冰草
・羅曼萵苣
・小番茄
・小黃瓜
・櫻桃蘿蔔
・腰果
・油漬緹魚罐頭
・葡萄乾
・洋蔥

調料：
・初榨橄欖油
・檸檬汁
・蜂蜜
・法式迪戎芥末醬

1

2

3

4

5

27

希臘沙拉

做法：

1. 蔬菜全部洗淨瀝乾，小黃瓜削皮切小丁，青椒去蒂去籽切小丁，番茄切小丁，紫洋蔥切碎，荷蘭芹切末，希臘費塔山羊乳酪切小丁，醃漬無籽黑橄欖縱向切薄圈。
2. 以上食材散置於一個大沙拉碗裡，撒上黑胡椒碎和海鹽，淋入初榨橄欖油和白葡萄酒醋，最後撒上新鮮薄荷葉。
3. 食用時拌勻並分裝小盤。

註：希臘費塔山羊乳酪已經俱有相當鹹味，海鹽要適度減量。

食材：

- 番茄
- 小黃瓜
- 青椒
- 紫洋蔥
- 醃漬橄欖
- 希臘費塔山羊乳酪
- 荷蘭芹
- 薄荷

調料：

- 黑胡椒碎
- 初榨橄欖油
- 海鹽
- 白葡萄酒醋

尼斯沙拉

做法：

1. 蔬菜全部洗淨瀝乾，小黃瓜、紫洋蔥切小塊，小番茄縱向切四瓣，去
   籽鹽漬黑橄欖切圈狀，酸豆切碎末，荷蘭芹切末。
2. 雞蛋從冷水開始開大火煮七分鐘後，取出稍涼再剝殼切成小碎塊。
3. 油漬鮪魚罐頭取出鮪魚用叉子搗成碎末。
4. 以上食材除雞蛋碎和荷蘭芹末以外全部放入大沙拉碗中，撒些黑胡椒
   碎、海鹽並淋初榨橄欖油，加一些鮪魚罐頭的漬油、巴沙米可醋、新
   鮮檸檬汁，拌勻後裝盤。
5. 裝盤後撒上雞蛋碎、荷蘭芹末，食用時分裝小盤。
6. 當成前菜配一杯普羅旺斯白酒或粉紅酒，暫且享受另一種南歐風情。

食材：

· 油漬鮪魚罐頭
· 雞蛋
· 小黃瓜
· 小番茄
· 紫洋蔥
· 橄欖
· 荷蘭芹
· 酸豆（續隨子）

調料：

· 黑胡椒碎
· 海鹽
· 巴沙米可醋
· 新鮮檸檬汁

1

2

3

29

大小番茄沙拉

做法：

1. 蔬菜全部洗淨，大番茄底部劃十字放入滾水中燙十五秒後取出去皮切塊，小番茄縱向切四瓣，紫洋蔥去皮縱向切絲，大蒜瓣去皮切薄片，荷蘭芹切碎。
2. 煎鍋放油開小火把大蒜薄片放入，煎至兩面金黃後取出備用。
3. 把切好的大小番茄、紫洋蔥絲放入大沙拉碗，加海鹽、黑胡椒碎、白砂糖、新鮮檸檬汁，拌勻後取出裝盤。
4. 裝盤後鋪上煎好的大蒜片並撒上荷蘭芹碎。

食材：
· 荷蘭芹
· 檸檬

· 大番茄
· 小番茄
· 紫洋蔥
· 大蒜瓣

調料：
· 海鹽
· 黑胡椒碎
· 白砂糖
· 初榨橄欖油

1
2
3
4
5

西班牙火腿酪梨沙拉

做法：

1.酪梨去皮取肉切小丁。
2.藍黴乳酪切小塊。
3.新鮮荷蘭芹切碎。
4.西班牙火腿放在透明玻璃盤的四週繞成圈。
5.切好的酪梨丁放在盤中央。
6.把藍莓乳酪置於酪梨之上。
7.撒上黑胡椒碎及荷蘭芹碎。
8.淋上初榨橄欖油。
9.食用時拌勻即可

註：西班牙火腿片和藍莓乳酪的鹹度已足夠不用再加鹽。

食材：

・西班牙火腿片
・酪梨（牛油果）
・荷蘭芹
・藍黴乳酪

調料：

・黑胡椒碎
・初榨橄欖油

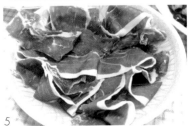

31

番茄肉醬蔬菜沙拉

做法：

1. 番茄肉醬做法：炒鍋中加橄欖油開小火放入大蒜片、月桂葉、洋蔥絲，炒香後放入牛絞肉並撒一些黑胡椒碎，炒到洋蔥絲變軟時，加入番茄小丁並加一些海鹽，轉開大火炒直到番茄變軟後，放入一撮百里香並加熱開水轉小火熬煮，約半小時熬成番茄肉醬泥時關火。
2. 蔬菜全部洗淨後，南瓜削皮切中塊，四季豆切段，秋葵去蒂頭，綠花椰菜切瓣，以上蔬菜陸續用湯鍋加鹽燙熟，然後取出並放入番茄肉醬鍋中，開小火把蔬菜和番茄肉醬拌勻，待收汁後取出裝盤。
3. 裝盤後撒上新鮮的荷蘭芹碎及事先烤好的松子，淋一些初榨橄欖油上桌。
4. 食用前拌勻即可。

食材：

· 南瓜
· 綠花椰菜
· 四季豆
· 秋葵
· 荷蘭芹
· 松子
· 番茄
· 洋蔥
· 牛肉
· 大蒜瓣
· 月桂葉

調料：

· 初榨橄欖油
· 海鹽

71

無花果火腿乳酪沙拉

做法：

1. 無花果洗淨後每顆縱向切四瓣
2. 白黴乳酪切片，莫扎瑞拉乳酪切條，希臘費塔山羊乳酪切小丁
3. 取一大盤，以上三種乳酪散置於盤中央，西班牙火腿片裹在乳酪邊沿繞一圈，無花果瓣沿大盤邊上繞一圈擺放，紫梗羅勒花苞及嫩葉撒在乳酪上面
4. 撒一些黑胡椒碎，並淋橄欖油及雪莉酒醋上去，此時這道沙拉看上去像綻放光芒的太陽
5. 食用時拌勻並分裝到小盤

食材：

· 無花果
· 西班牙風乾火腿
· 白黴乳酪
· 莫扎瑞拉乳酪
· 希臘費塔山羊乳酪
· 紫梗羅勒

調料：

· 黑胡椒碎
· 初榨橄欖油
· 雪莉酒醋

1

2

3

4

5

6

33

清爽番茄洋蔥沙拉

做法：

1. 蔬菜全部洗淨瀝乾，小番茄縱向切成四瓣，紫洋蔥去皮縱向切絲，大蒜瓣切薄片，荷蘭芹切碎。
2. 切絲的紫洋蔥用冰水浸泡十五分鐘後，擠乾多餘的殘水。
3. 煎鍋放油開小火，放入大蒜薄片兩面煎炸至金黃後取出放涼備用。
4. 把小番茄，紫洋蔥放入大沙拉碗，放入大部份的大蒜片和荷蘭芹碎，淋上小茴香醋並擠一些新鮮檸檬汁進去，撒上黑胡椒碎、海鹽、白砂糖和柴魚片，把所有材料拌勻後裝盤。
5. 裝盤後撒些預留的大蒜瓣薄片，荷蘭芹碎和烤過的乾燥辣椒碎。

註1：紫洋蔥絲泡過冰水可以減輕嗆辣味。
註2：小茴香醋由白葡萄酒醋浸泡小茴香而成。

食材：
· 小番茄
· 紫洋蔥
· 大蒜瓣
· 柴魚（燻乾鰹魚）薄片
· 荷蘭芹
· 檸檬

調料：
· 初榨橄欖油
· 黑胡椒碎
· 乾燥辣椒
· 小茴香醋
· 白砂糖

無花果伊比利亞火腿沙拉

做法：

1. 無花果和薄荷洗淨瀝乾，無花果每顆依大小縱向切十二至八瓣，果皮面朝下直接擺盤。
2. 依比利亞火腿切片用手撕成小片放在無花果上。
3. 撒上新鮮薄荷葉和少許黑胡椒碎，最後淋上少許檸檬橄欖油。
4. 搭配西班牙紅酒或雪莉酒當開胃菜，或是當成小酒館的下酒菜。

食材：

· 伊比利亞火腿切片
· 無花果
· 薄荷

調料：

· 黑胡椒碎
· 檸檬橄欖油

1

2

3

35

簡易番茄酪梨沙拉

做法：

1. 蔬菜和水果全部洗淨瀝乾，酪梨去皮去籽後切丁，小番茄縱向切對半，卷心萵苣用手撕成片。
2. 原味優格加蜂蜜和檸檬調成醬汁。
3. 卷心萵苣、小番茄、酪梨散置於盤底，撒上薄荷葉和香菜花，再撒一些黑胡椒碎和海鹽，最後淋上調好的醬汁。
4. 食用時拌勻即可。
5. 此道沙拉極為簡易，基本上五分鐘即可完成。

食材：

- 小番茄
- 酪梨
- 卷心萵苣
- 薄荷
- 香菜花

調料：

- 原味優格
  （原味酸奶）
- 檸檬
- 蜂蜜
- 黑胡椒碎
- 海鹽

小地榆番茄乳酪沙拉

做法：

1. 蔬菜洗淨，小地榆甩乾殘水並摘取嫩葉部份，小番茄縱向切對半，山羊乳酪切碎，杏仁片烤成金黃色。
2. 取一大沙拉盤，小地榆和小番茄散置於盤底，鋪上山羊乳酪碎塊，淋上初榨橄欖油，撒上四色胡椒碎、黑胡椒碎、岩鹽，最後放一些烤好的杏仁片。
3. 食用時拌勻分裝小盤，配一些麵包當早餐也很好。

註1：山羊乳酪已有相當鹹味，撒岩鹽時要減量。
註2：四色胡椒碎由黑、白、紅、綠四種顏色胡椒混合而成。

食材：
- 小地榆
- 小番茄
- 軟質山羊乳酪
- 杏仁片

調料：
- 四色胡椒碎
- 黑胡椒碎
- 初榨橄欖油
- 岩鹽

37

凱薩沙拉

做法：

1. 大蒜瓣去皮後一部分用刀拍碎，部分壓成大蒜泥。
2. 羅曼萵苣洗淨瀝乾殘水，放入冰箱冷藏一小時。
3. 罐頭緹魚開罐後倒掉漬油，把緹魚肉稍微搗碎加入大蒜泥、迪戎芥末醬、蜂蜜、檸檬汁、初榨橄欖油，用電動攪拌棒把以上食材打成醬汁。
4. 小煎鍋放油開小火，放入拍碎的大蒜瓣和切碎的培根，等培根煎香取出備用，原鍋放入切小丁的法棍麵包，等麵包丁煎香後丟掉大蒜瓣。
5. 羅曼生菜用手掰成數段加入醬汁拌勻後裝盤，撒上煎好的培根和麵包丁，刨一些帕瑪森乾酪絲上去。
6. 食用時拌勻，配一杯冷藏過的白葡萄酒當正餐的前菜。

食材：

- 羅曼萵苣
- 培根
- 罐頭油漬緹魚
- 大蒜瓣
- 法棍麵包

調料：

- 黑胡椒碎
- 初榨橄欖油
- 法式迪戎芥末醬
- 蜂蜜
- 橄欖油
- 帕瑪森乾酪
- 檸檬

番茄酪梨堅果沙拉

做法：

1. 小番茄洗淨，個頭大的縱向切四瓣，個頭小的縱向切兩瓣，切好後直接放入大沙拉碗裡
2. 酪梨切開後去核去皮然後切塊，把酪梨塊鋪在小番茄上
3. 花生仁，杏仁片，核桃仁用小煎鍋烤至金黃酥脆，和葡萄乾，藍莓乾，曼越莓乾一起散撒於盤面
4. 撒一些海鹽和黑胡椒碎上去，接著鋪上切碎的藍紋乳酪和新鮮薄荷葉
5. 淋上茴香醋，初榨橄欖油和檸檬橄欖油，最後撒一些椰子粉當裝飾。
6. 食用時拌勻並分裝小盤，配咖啡和鬆餅當早餐或下午茶點心

註：藍紋乳酪本身已有鹹味，撒海鹽時要減量

食材：

· 小番茄
· 酪梨（牛油果）
· 薄荷
· 花生仁
· 杏仁片

· 核桃仁
· 葡萄乾
· 藍莓乾
· 曼越莓乾
· 椰子粉
· 藍紋乳酪

調料：

· 海鹽
· 黑胡椒碎
· 初榨橄欖油
· 檸檬橄欖油
· 茴香醋

1

2

3

4

39

洋蔥番茄柴魚沙拉2

做法：

1. 蔬菜全部洗淨瀝乾，白洋蔥和紫洋蔥切細絲，兩者混合放入冰水冰鎮二十分鐘後擠乾水分備用，小番茄每顆縱向切成四瓣備用。
2. 大蒜瓣去皮切薄片用油煎至金黃色取出備用。
3. 取一大沙拉碗把雙色洋蔥絲、小番茄瓣、柴魚片、煎好的大蒜片放入，然後加海鹽、黑胡椒碎、新鮮檸檬汁、白砂糖、初榨橄欖油，把以上食材全部拌勻後裝盤。
4. 裝盤後撒上新鮮的檸檬羅勒嫩葉與花朵。
5. 當前菜配一些烤麵包一起食用也很好。

食材：
· 白洋蔥
· 紫洋蔥
· 小蕃茄
· 柴魚（煙熏鰹魚乾刨片）
· 檸檬羅勒

調料：
· 海鹽
· 黑胡椒碎
· 初榨橄欖油
· 新鮮檸檬汁
· 白砂糖

1

2

3

4

檸檬羅勒小番茄沙拉

做法：

1. 紫洋蔥切絲（怕辛辣的可以用冰水浸泡十五分鐘然後把水擠乾）。
2. 紅黃二色小番茄對半切開。
3. 紫洋蔥鋪盤底，小番茄放上面，撒上羅勒花蕾及葉子。
4. 撒胡椒碎及鹽岩，擠一些檸檬汁加入，最後淋上茴香醋及初榨橄欖油，食用時拌勻即可。

註：茴香醋以白葡萄酒醋為基底，加入八角茴香、小茴香籽、新鮮小茴香浸泡一周即可使用。

食材：

· 紅色聖女小番茄
· 黃色櫻桃小番茄
· 紫洋蔥
· 檸檬羅勒

調料：

· 新鮮檸檬汁
· 茴香醋
· 岩鹽
· 初榨橄欖油
· 黑胡椒碎

1

2

3

4

5

6

41

簡易雙色香草沙拉

做法：

1. 紫蘇、蜜蜂草洗淨瀝乾摘取嫩葉散置沙拉盤中。
2. 撒上烤熟的杏仁果及開心果。
3. 淋上由義大利巴沙米可醋、蜂蜜和初榨橄欖油預先混合的醬汁。
4. 食用時拌勻即可。

註：巴沙米可醋已有相當鹹味，因此若還要加鹽時要少量為宜。

食材：

· 紫蘇
· 蜜蜂草（香蜂草）
· 杏仁
· 開心果

調料：

· 義大利巴沙米可醋
· 蜂蜜
· 初榨橄欖油
· 黑胡椒碎

1

2

3

鮪魚蔬菜沙拉

做法:

1. 所有蔬菜洗淨瀝乾，胡蘿蔔刨細絲，紫甘藍、洋蔥、甘藍切細絲、小番茄縱向切對半。
2. 把胡蘿蔔絲、紫甘藍絲、洋蔥絲、甘藍絲此四色絲混合鋪於沙拉碗中，小番茄排在沙拉碗邊沿一圈，油漬罐頭鮪魚用叉子搗碎放在中央 蘿蔔苗鋪在鮪魚肉上。
3. 撒上黑胡椒碎及乾辣椒碎，淋一些鮪魚罐頭裡的油和新鮮檸檬汁。
4. 食用時拌勻即可。
5. 可以配一些烤土司當早餐。

食材 :

・油漬鮪魚罐頭
・紫甘藍菜
・甘藍菜
・胡蘿蔔
・小番茄
・蘿蔔苗
・紫洋蔥

調料 :

・乾燥辣椒碎
・黑胡椒碎
・新鮮檸檬汁

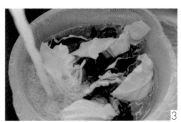

43

鮭魚煎蛋蔬菜沙拉

做法：

1. 蔬菜全部洗淨瀝乾殘水，羅曼萵苣用手掰成小段，洋蔥去皮切絲，小番茄縱向切對半，小黃瓜和櫻桃蘿蔔切薄片，把全部蔬菜散置於沙拉盤裡。

2. 另取一些洋蔥切碎末，大蒜瓣去皮切碎末，雞蛋打散，煎鍋放油開小火先炒香大蒜末和洋蔥末後撒一些黑胡椒碎和海鹽，轉開大火分別放入雞蛋液和燻鮭魚片，大約一分鐘後從中間翻面，摺疊煎熟即刻取出放涼切碎，然後撒在蔬菜盤中央。

3. 杏仁片用小火烤出香氣和焦黃色後也撒入沙拉盤上。

4. 緹魚柳搗碎加檸檬汁、法式迪戎芥末醬、蜂蜜和初榨橄欖油調成醬汁。

5. 把醬汁淋在沙拉上，食用時拌勻即可，很適合配原味法棍麵包和咖啡。

食材：		調料：	
	·煙薰鮭魚片		·初榨橄欖油
	·雞蛋		·檸檬汁
·羅曼萵苣	·杏仁片		
·小黃瓜	·油漬緹魚柳	·海鹽	
·櫻桃蘿蔔	·大蒜瓣	·黑胡椒碎	
·洋蔥		·法式迪戎芥末醬	
·小番茄		·蜂蜜	

44

雙色番茄沙拉

做法：

1.紅色和黃色小番茄分別切對半。
2.紫洋蔥切細絲。
3.以上食材裝入一大碗中並加入黑胡椒碎、岩鹽、香草醋、初榨橄欖油，最後撒上檸檬羅勒，食用前拌勻即可。

註：檸檬羅勒開花季節，其葉、花、花苞皆可使用。

食材：	調料：
·紅色小番茄	·黑胡椒碎
·黃色小番茄	·岩鹽
·紫洋蔥	·香草醋
·檸檬羅勒	·初榨橄欖油

1

2

3

4

45

紫蘇茉莉堅果沙拉

做法：

1. 紫蘇洗淨瀝乾裝盤，洗好的茉莉花朵瀝乾鋪於紫蘇上。
2. 撒上烤過的堅果、杏仁、腰果、松子。
3. 撒上葡萄乾和曼越莓乾。
4. 再撒一些黑胡椒碎和岩鹽。
5. 最後淋上巴沙米可醋和蜂蜜混合調成的醬汁。
6. 食用時拌勻即可。
7. 搭配烤麵包和咖啡食用風味更佳。

食材：
· 松子
· 葡萄乾
· 曼越莓乾

· 紫蘇
· 茉莉
· 杏仁
· 腰果

調料：

· 黑胡椒碎
· 岩鹽
· 巴沙米可醋
· 蜂蜜

1

3

4

5

46

簡易綜合香草沙拉

做法：

1. 把紫蘇、香蜂草、小茴香、檸檬羅勒、荷蘭芹、香菜洗淨瀝乾。
2. 檸檬刷洗乾淨後先用刮皮器刮取檸檬皮絲，果肉切開榨汁。
3. 把以上綜合香草散置於沙拉盤中，撒上黑胡椒碎、岩鹽、檸檬皮絲。
4. 淋上由香草醋、蜂蜜和初榨橄欖油混合調成的醬汁。
5. 食用時拌勻即可。

註：香草醋此處是由大茴香、小茴香浸泡白葡萄酒醋而成。

食材：

· 紫蘇
· 香蜂草
· 小茴香
· 檸檬羅勒
· 荷蘭芹
· 香菜
· 檸檬

調料：

· 黑胡椒碎
· 岩鹽
· 初榨橄欖油
· 香草醋

1

2

3

4

櫻花蝦皮洋蔥沙拉

做法：

1. 蔬菜全部洗淨，白洋蔥和紫洋蔥去皮切絲用冰水冰鎮二十分鐘後擠乾多餘的水，然後裝盤備用。
2. 紅色和橘色小番茄縱向切對半後放在洋蔥絲上。
3. 大蒜瓣去皮切薄片，煎鍋放橄欖油開小火把大蒜薄片煎炸成金黃色後取出備用。
4. 原煎鍋開小火放入櫻花蝦皮炒香後取出備用。
5. 原沙拉碗中繼續放入煎好的大蒜片和蝦皮並撒一些檸檬羅勒的花朵及嫩葉。
6. 撒一些現磨四色胡椒碎和海鹽，最後淋上白葡萄酒醋和初榨橄欖油。
7. 食用時拌勻即可，當前菜配烤麵包是不錯的選擇。

註：四色胡椒碎由黑、白、紅、綠四種顏色胡椒混合而成。

食材：　　・橘色小番茄　　調料：　　　・初榨橄欖油
　　　　　・檸檬羅勒
・白洋蔥　　・櫻花蝦皮　　　・四色胡椒碎
・紫洋蔥　　・大蒜瓣　　　　・海鹽
・紅色小番茄　　　　　　　　・白葡萄酒醋

1

2

3

4

48

綜合香草山羊乳酪沙拉

做法：

1. 把小茴香、紫蘇、薄荷、檸檬羅勒、小地榆、香菜以上香草全部洗淨，放入手動旋轉甩乾盒把殘水甩乾。
2. 把各種香草散置於沙拉盤，把法國軟質山羊乳酪切小塊鋪於香草上，撒一些黑胡椒碎和海鹽，最後淋上紅葡萄酒醋和初榨橄欖油。
3. 食用時拌勻配堅果烤麵包和咖啡。

食材：	·小地榆	調料：
	·香菜	
·小茴香	·法國軟質山	·紅葡萄酒醋
·紫蘇	羊乳酪	·初榨橄欖油
·薄荷		·海鹽
·檸檬羅勒		·黑胡椒碎

1

2

3

4

5

6

紫蘇薄荷杏仁片沙拉

做法:

1.紫蘇和薄荷洗淨後甩乾殘水,直接散置於沙拉盤裡。
2.撒上新鮮茉莉花、葡萄乾、曼越莓乾、椰子粉和事先烤香的杏仁片。
3.淋上由巴沙米可醋,初榨橄欖油和蜂蜜調和而成的醬汁。
4.配咖啡和烤麵包當成早餐食用。

註:巴沙米可醋本身已具備相當的鹹度,視需要再決定是否加鹽。

食材:	·杏仁片	調料:
	·葡萄乾	
·薄荷	·曼越莓乾	·巴沙米可醋
·紫蘇	·椰子粉(蓉)	·初榨橄欖油
·茉莉花		·蜂蜜

1

2

3

4

超簡易番茄沙拉

做法：

1.聖女小番茄洗淨後縱向切對半。
2.檸檬羅勒洗淨後摘取花朵及嫩葉。
3.切好的小番茄置於盤底，鋪上檸檬羅勒花朵及嫩葉，撒上海鹽及黑胡椒碎，淋一些初榨橄欖油及新鮮檸檬汁，最後刨一些帕馬森乾酪在盤面。
4.食用時拌勻即可。
5.可以當成午餐或晚餐的前菜，搭配蒜香烤麵包也很好。

食材：

・聖女小番茄
・檸檬羅勒
・檸檬
・帕馬森乾酪

調料：

・海鹽
・初榨橄欖油
・黑胡椒碎

1

2

3

4

5

51

綜合香草沙拉

1　2　3
4　5　6

做法：

1.蜜蜂草、荷蘭芹、蒔蘿、奶油小萵苣、洗淨瀝乾取嫩葉。
2.小番茄洗淨每顆切成四等份。
3.把以上食材散置盤中。
4.撒上黑胡椒碎、岩鹽、淋上事先拌好的蜂蜜檸檬汁。
5.食用時把食材拌勻，配上預先烤好的大蒜麵包片。

食材：

· 蜜蜂草（香蜂草）
· 荷蘭芹
· 蒔蘿
· 奶油小萵苣
· 小番茄

調料：

· 新鮮檸檬汁
· 蜂蜜
· 黑胡椒碎
· 岩鹽

薄荷香蜂草乳酪沙拉

做法：

1. 薄荷和香蜂草洗淨後甩乾殘水並摘取嫩葉，小番茄洗淨後縱向切對半。
2. 把以上食材全部散置於大沙拉盤上，加入切碎的軟質山羊乳酪，撒上四色胡椒碎和岩鹽，最後淋上香草醋及初榨橄欖油。
3. 食用時拌勻再分裝小盤，配堅果烤麵包及咖啡。

註：軟質山羊乳酪已有相當鹹度，加鹽調味時要減量。

食材：

· 薄荷
· 香蜂草
· 小番茄
· 軟質山羊乳酪

調料：

· 四色胡椒碎
· 岩鹽
· 初榨橄欖油
· 香草醋

1

2

3

4

5

6

53

綜合堅果香草沙拉

做法：

1. 蒔蘿、羅曼生菜、荷蘭芹挑嫩葉洗淨瀝乾。
2. 小番茄洗淨每顆切成四等份。
3. 把以上蔬菜散置於沙拉盤上。
4. 把預先烤好的堅果、杏仁、腰果、開心果、松子、核桃、鋪在蔬菜上。
5. 撒一些葡萄乾及曼越莓乾和堅果錯落相間。
6. 再撒一些海鹽及黑胡椒碎調味。
7. 最後淋上巴沙米可醋和蜂蜜攪拌混合的醬汁。
8. 食用時把沙拉拌勻即可。

食材：	・腰果	調料：
	・開心果	
・蒔蘿	・松子	・海鹽
・羅曼生菜	・核桃	・黑胡椒碎
・荷蘭芹	・葡萄乾	・巴沙米可醋
・小番茄	・曼越莓乾	・蜂蜜
・杏仁		

紫蘇沙拉

做法：

1.紫蘇洗淨瀝乾取嫩葉備用。
2.紫蘇裝盤後放入新鮮茉莉花朵及新鮮百里香嫩葉。
3.撒上黑胡椒碎及岩鹽。
4.最後淋上巴沙米可醋和蜂蜜混合調成的醬汁。
5.食用時拌勻即可。
6.配烤麵包和咖啡是不錯的早餐組合。

註：巴沙米可醋本身俱有相當鹹度、岩鹽要酌量使用。

食材：

・紫蘇
・百里香
・茉莉花

調料：

・黑胡椒碎
・岩鹽
・巴沙米可醋
・蜂蜜

55

櫻花蝦皮蔬菜沙拉

做法：

1. 南瓜去皮切大丁，滾水煮十分鐘後撈出。
2. 白花椰菜切瓣，同鍋滾水煮四分鐘後撈出。
3. 豌豆莢取豆子，同鍋滾水煮二分鐘後撈出。
4. 大蒜瓣切末起油鍋小火炒香，加入櫻花蝦皮炒變色且香氣出來後，盛出備用。
5. 以上食材用一大碗裝著，撒一些海鹽，淋上雪莉酒醋及白芝麻油。
6. 上桌前撒上新鮮香菜末。

註：櫻花蝦皮為台灣東港特產。

食材：
　　　　　　・櫻花蝦皮
　　　　　　・大蒜末
・南瓜
・白花椰菜
・豌豆
・香菜

調料：
・天然海鹽
・雪莉酒醋
・白芝麻油

1

2

3

4

紫蘇小茴香沙拉

做法：

1. 紫蘇 小茴香洗淨後瀝乾 摘取嫩葉裝盤
2. 烤熟的腰果 杏仁 開心果撒在盤面
3. 撒上黑胡椒碎及岩鹽
4. 最後淋上雪莉酒醋和蜂蜜混合調製的醬汁
5. 食用時拌勻即可
6. 和烤麵包搭配食用

食材：

- 紫蘇
- 小茴香
- 腰果
- 杏仁
- 開心果

調料：

- 雪莉酒醋
- 蜂蜜
- 岩鹽
- 黑胡椒碎

1

2

3

4

酪梨藍紋乳酪沙拉

做法：

1. 酪梨切開去籽去皮切薄片然後直接裝盤。
2. 撒上切碎的藍紋乳酪及新鮮薄荷葉，現磨四色胡椒碎撒在藍紋乳酪上，撒少許岩鹽並淋一些初榨橄欖油。
3. 食用時拌勻即可，搭配果脯蜂蜜烤麵包一起食用堪稱一絕。
4. 這樣濃郁豐腴的餐點最適合來一杯咖啡或茶，讓味覺的層次產生飽滿與馳放的變化。

食材：

· 酪梨（牛油果）
· 藍紋乳酪
· 薄荷

調料：

· 岩鹽
· 四色胡椒碎
· 初榨橄欖油

1

2

3

4

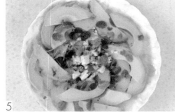
5

6

Daily Menu

PREMIUM QUALITY

2

輕食沙拉

紅米彩椒豌豆沙拉

做法:

1. 紅米洗淨放入湯鍋加水開大火煮滾,轉開小火煮二十分鐘後撈出瀝乾水,放入大沙拉碗中待涼備用。

2. 紅黃二色燈籠椒去蒂去籽切小瓣後散置於烤盤,大蒜瓣不去皮也放烤盤,撒黑胡椒碎和岩鹽,淋橄欖油拌勻,放入用兩百三十度已預烤十五分鐘的烤箱續烤三十分鐘,出爐後把彩椒切小丁,大蒜瓣擠成泥,一起放入大沙拉碗裡。

3. 洋蔥去皮切碎,火腿切碎,牛肝菌用水泡軟後也切碎。

4. 炒鍋放油開小火炒軟洋蔥碎後,放入切碎的牛肝菌同炒,接著放入火腿碎及豌豆同炒,加一些黑胡椒碎調味後取出放入大沙拉碗裡,把沙拉碗裡的所有食材拌勻後裝盤。

5. 裝盤後撒上事先烤好的杏仁碎粒,以香菜花裝飾盤面。

食材:
- 紅米
- 紅燈籠椒
- 黃燈籠椒
- 豌豆
- 乾燥牛肝菌
- 風乾金華火腿
- 洋蔥
- 香菜花
- 杏仁碎粒
- 大蒜瓣

調料:
- 黑胡椒碎
- 岩鹽
- 橄欖油

健康四色沙拉

做法：

1. 山藥洗淨後削皮放入湯鍋，煮二十分鐘確認熟度後撈出切小丁。
2. 紅薯、馬鈴薯洗淨後不削皮，放入剛煮好山藥的湯鍋中煮二十五分鐘，確認熟度後撈出剝皮切小丁。
3. 紫薯洗淨後不削皮放入另一湯鍋，煮二十五分鐘確認熟度後撈出剝皮切小丁。
4. 以上四種食材依個人許好隨意擺盤。
5. 淋上原味優格、新鮮淡奶油和果糖漿混合的醬汁。
6. 撒上紫蘇嫩葉及花朵，以新鮮薄荷葉裝飾四周。
7. 食用時拌勻即可。

食材：

・山藥
・紫蘇
・薄荷

・紅薯
・馬鈴薯
・紫薯

調料：

・原味優格（原味酸奶）
・淡奶油
・果糖漿

1

2

3

4

03

小米番茄火腿沙拉

做法：

1. 小米洗淨後瀝乾，湯鍋加水放入鼠尾草煮滾，接著放入小米煮三分鐘後關火，把鼠尾草和多餘的湯汁倒掉，加少許初榨橄欖油，白葡萄酒醋和海鹽一起拌勻後放涼備用。

2. 小番茄洗淨後縱向切對半，加海鹽和胡椒碎並撒上帕瑪森乳酪和百里香嫩葉醃製五分鐘。

3. 大蒜瓣去皮切碎，金華火腿切片後切小丁，小煎鍋放油開小火，炒香大蒜碎後放入金華火腿小丁同炒，加少許海鹽和黑胡椒碎調味，然後取出和放涼的小米拌勻。

4. 沙拉盤底四周擺上洗好瀝乾的香菜苗和小茴香苗，把拌好的小米放中間，放上醃好的小番茄，旁邊放上切好的洋蔥絲，最上面撒上烤香的杏仁片。

5. 食用時分裝小盤即可。

食材：
- 小米
- 小番茄
- 洋蔥
- 金華火腿
- 帕瑪森乳酪

- 杏仁片
- 百里香
- 香菜苗
- 小茴香苗
- 大蒜瓣
- 鼠尾草

調料：
- 初榨橄欖油
- 黑胡椒碎
- 海鹽
- 白葡萄酒醋

南瓜四季豆沙拉

做法：

1.南瓜去皮切大丁。
2.四季豆去蒂。
3.南瓜用滾水煮十分鐘後撈出。
4.四季豆用滾水煮四分鐘後撈出。
5.把全部調料用一小碗拌勻。
6.取一大碗放入南瓜、四季豆、荷蘭芹末、加入調料拌勻。
7.以沙拉盤盛裝、撒一些剩下的荷蘭芹末。

食材：

· 南瓜
· 四季豆
· 荷蘭芹

調料：

· 法式迪戎黃芥末醬
· 荷蘭芹香草醋
· 黑胡椒碎
· 初榨橄欖油
· 細白砂糖

05

小米雙豆番茄香草沙拉

做法：

1. 小米、紅腰豆和米豆洗淨後浸泡二十分鐘並瀝乾多餘的水，三湯鍋分別加水並放入鼠尾草和切開的小番茄，水滾後分別放入食材，小米煮三分鐘，紅腰豆煮一小時，米豆煮半小時，然後撈出放入大沙拉碗中加少許海鹽和檸檬橄欖油，拌勻後放涼備用。
2. 小炒鍋放油開小火，放入紅蔥頭絲炒香後放入金華火腿切片和櫻花蝦皮，加少許海鹽和黑胡椒碎炒香後取出備用。
3. 小番茄洗淨後縱向切成四瓣和未去皮的大蒜瓣及新鮮百里香一起放入烤盤，加海鹽、黑胡椒碎和乾燥荷蘭芹碎，放入二百度烤箱烤二十分鐘後取出，大蒜瓣去皮。
4. 把炒料和烤小番茄放入大沙拉碗中，再加薄荷醋拌勻後裝盤，放上大蒜瓣、洋蔥絲、香菜苗和小茴香苗。

食材：

- 小米
- 紅腰豆
- 米豆（黑眼豆）
- 小番茄
- 大蒜瓣
- 洋蔥
- 紅蔥頭
- 百里香
- 鼠尾草
- 香菜苗
- 小茴香苗
- 金華火腿
- 櫻花蝦皮

調料：

- 黑胡椒碎
- 海鹽
- 初榨橄欖油
- 檸檬橄欖油
- 薄荷醋
- 乾燥荷蘭芹碎

06

小米蔬菜香草沙拉

做法:

1. 小米洗淨後倒掉多餘的水，湯鍋放水大火煮開後放入小米煮三分鐘，倒掉多餘的湯水後放涼，加一些海鹽，初榨橄欖油，黑胡椒碎和檸檬汁，拌勻後備用。
2. 小番茄洗淨後縱向切對半，撒少許海鹽和檸檬汁醃五分鐘，綜合香草苗切掉根部洗淨後甩乾殘水，胡蘿蔔削皮後刨絲，櫻桃蘿蔔切薄片。
3. 花生用小煎鍋烤到香氣四溢時取出放涼，用手搓揉把花生皮去掉。
4. 取沙拉盤把綜合香草苗鋪盤底，接著把小番茄放在盤中間，備好的小米散置盤面，撒上胡蘿蔔絲、櫻桃蘿蔔片、薄荷嫩葉、花生，再淋少許初榨橄欖油後撒上黑胡椒碎以及羅勒的花苞和花蕊，切一片檸檬在盤邊。
5. 食用時檸檬擠汁上去拌勻做為中午的輕食。

食材：
· 小米
· 小番茄
· 櫻桃蘿蔔
· 胡蘿蔔
· 小茴香苗
· 羅勒苗
· 香菜苗
· 薄荷
· 檸檬
· 花生

調料：
· 初榨橄欖油
· 海鹽
· 黑胡椒碎

1

2

3

4

07

黍米培根沙拉

做法:

1. 蔬菜洗淨,胡蘿蔔削皮切小丁,四季豆頭尾切掉後切薄片,大蒜瓣去皮切末,紫洋蔥切碎,荷蘭芹切末。
2. 湯鍋加水開大火水滾時加一撮鹽,放入黍米和胡蘿蔔,煮八分鐘後放入毛豆和四季豆,再煮四分鐘後全部食材撈出放入大沙拉碗中備用。
3. 煎鍋放油開中火爆香大蒜碎,把切好的培根條放入同炒,等香氣出來即可取出加入大沙拉碗中。
4. 最後撒上海鹽,紫洋蔥碎,荷蘭芹碎並淋一些初榨橄欖油,食用時拌勻即可。

食材:

- 黍米(小米)
- 培根
- 毛豆
- 四季豆
- 紫洋蔥
- 大蒜瓣
- 荷蘭芹
- 胡蘿蔔

調料:

- 海鹽
- 初榨橄欖油

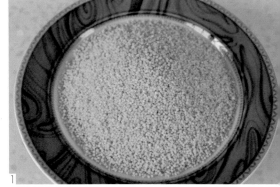

紅米薏仁沙拉

做法：

1. 紅米和薏仁洗淨後分別加水浸泡至少四小時，撈出後薏仁加水和鼠尾草煮一小時，紅米加水和鼠尾草煮半小時，然後撈出瀝乾放入大沙拉碗裡。
2. 番茄底部劃十字用滾水燙半分鐘後去皮切成小丁，然後也放入大沙拉碗裡。
3. 大蒜瓣去皮切片，洋蔥去皮切絲，蘑菇切薄片，金華火腿切絲，長扁豆切薄片，小炒鍋加油放入大蒜片和洋蔥絲炒香，接著放入火腿絲、櫻花蝦皮、蘑菇切片和長扁豆片同炒，出鍋前加一些黑胡椒碎和海鹽調味。
4. 把炒料也放入大沙拉碗裡，加一些初榨橄欖油，白葡萄酒醋和其他食材一起拌勻後裝盤。
5. 裝盤後撒上洋蔥絲，小茴香以及帶花的南瓜幼果。
6. 這是一道清爽型的沙拉

食材：	·蘑菇	·帶花的南瓜	調料：
	·櫻花蝦皮	幼果	
·紅米	·金華火腿	·鼠尾草	·黑胡椒碎
·薏仁	·長扁豆		·海鹽
·番茄	·大蒜		·橄欖油
·洋蔥	·小茴香		·白葡萄酒醋

1

2

3

4

5

6

09

馬鈴薯蠶豆小米沙拉

做法：

1. 蔬菜洗淨，馬鈴薯和胡蘿蔔去皮切小丁，蠶豆保持整顆，四季豆頭尾切掉。
2. 湯鍋放水開大火，把馬鈴薯，胡蘿蔔，小米放入，水滾時加一撮鹽，續煮十分鐘後全部撈出瀝乾，放入大沙拉碗。
3. 另一湯鍋放水開大火，水滾時加入蠶豆和四季豆並加一撮鹽，四分鐘後撈出放涼，四季豆切薄片，蠶豆剝殼把豆仁掰成兩片，兩者一併放入大沙拉碗。
4. 薄片菲力牛排撒胡椒碎，岩鹽並抹一些橄欖油，放入煎鍋開大火兩面各煎一分鐘，撒一些辣椒碎後取出放涼然後切細條。
5. 加一些岩鹽，香草醋，初榨橄欖油，把大沙拉碗中的食材拌勻，接著放入菲力牛肉細條，最後撒上番茄乾碎和新鮮小茴香嫩葉。

食材：

· 馬鈴薯
· 蠶豆
· 小米
· 胡蘿蔔
· 薄片菲力牛排
· 番茄乾
· 小茴香
· 四季豆

調料：

· 岩鹽
· 黑胡椒碎
· 辣椒碎
· 香草醋
· 初榨橄欖油

紅豆南瓜酪梨沙拉

做法：

1. 自製番茄紅醬請參考番茄紅醬製作章節。
2. 大紅豆洗淨後泡水放冰箱冷藏一夜，取出後放湯鍋加水和鼠尾草一起煮一個半小時，撿出鼠尾草丟棄並倒掉多餘湯汁趁熱加海鹽拌勻備用。
3. 南瓜削皮切小丁放入煮滾的湯鍋，煮六分鐘後撈出放涼備用。
4. 酪梨切開去籽去皮切小丁。
5. 把洋蔥碎，青椒碎和番茄碎混合加自製番茄紅醬和荷蘭芹碎，淋一些檸檬汁和初榨橄欖油並撒黑胡椒碎和海鹽，把以上食材拌勻製成莎莎醬。
6. 把大紅豆，南瓜丁，酪梨丁放入大沙拉碗混合，放上莎莎醬再撒荷蘭芹碎當裝飾，食用時拌勻再分裝小碗。

食材：

· 大紅豆（紅腰豆）
· 南瓜
· 酪梨（牛油果）
· 番茄
· 白洋蔥

· 青椒
· 荷蘭芹
· 檸檬
· 自製番茄紅醬
· 鼠尾草

調料：

· 初榨橄欖油
· 海鹽
· 黑胡椒碎

11

黍米蘆筍沙拉

做法：

1. 食材全部洗淨，黑豆至少用水浸泡四小時，胡蘿蔔去皮切小丁，大蒜瓣去皮，番茄用熱水把皮燙掉後切小丁。

2. 湯鍋放水開大火，放入泡好的黑豆、大蒜瓣、新鮮迷迭香，水煮開後轉小火撈除浮沫，繼續燜煮一小時後倒掉多餘的湯汁，趁餘熱加一些岩鹽拌勻後把黑豆撈出放入大沙拉碗備用。

3. 另一湯鍋放水開大火，水煮滾後加入一撮鹽，接著加入黍米，五分鐘後加入胡蘿蔔丁，再五分鐘後加入蘆筍，再三分鐘後把食材全部撈出放入大沙拉碗中，其中蘆筍拿出切成小段再放回沙拉碗裡，切好的番茄丁也放進來，撒一些黑胡椒碎和岩鹽並淋上初榨橄欖油拌勻。

4. 把全部食材混合裝盤並撒上新鮮荷蘭芹碎。

食材：	調料：
· 黍米（小米）	· 初榨橄欖油
· 蘆筍	· 岩鹽
· 胡蘿蔔	· 黑胡椒碎
· 黑豆	
· 荷蘭芹	
· 番茄	
· 大蒜瓣	
· 迷迭香	

1

2

3

薏仁紅豆沙拉

做法：

1. 薏仁和大紅豆用冷水泡二小時放入湯鍋煮熟，關火前半小時加點鹽然後撈出備用。
2. 蔬菜洗淨後，小黃瓜縱向間隔刮去一半皮然後橫向切薄片，小番茄橫向切薄片，紫洋蔥切絲，醃漬的黑橄欖直接橫向切圈圈。
3. 把薏仁，大紅豆和以上蔬菜全部放入大沙拉碗中，接著加入酸豆、黑胡椒碎、檸檬汁、紅酒醋、初榨橄欖油、海鹽，把全部食材拌勻後裝盤。
4. 裝盤後撒上足夠的紫梗羅勒的花苞、花朵及嫩葉。
5. 這是炎炎夏日一道清爽開胃的健康沙拉，有去濕健脾的效果。

食材：

· 薏仁
· 大紅豆
· 紫洋蔥
· 聖女小番茄
· 小黃瓜
· 紫梗羅勒
· 黑橄欖
· 酸豆（續隨子）

調料：

· 黑胡椒碎
· 初榨橄欖油
· 紅酒醋
· 檸檬汁
· 海鹽

1

2

3

13

南瓜豌豆芥末沙拉

做法：

1. 南瓜去皮切大丁，豌豆剝取豆仁，荷蘭芹及洋蔥切碎。
2. 湯鍋燒滾水入南瓜丁煮八分鐘，在倒數二分鐘時丟入豌豆仁，最後一起撈出盛於大碗。
3. 在大碗內混入洋蔥碎及荷蘭芹碎。
4. 用小碗裝一匙迪戎芥末醬，一匙迪戎芥末顆粒醬、黑胡椒碎、檸檬汁、初榨橄欖油、新鮮淡奶油，充份攪拌調成醬汁。
5. 把醬汁倒入大碗拌勻即可裝盤。

註1：法式迪戎芥末醬一般鹹度很夠，使用時要酌量。
註2：南瓜挑結實的或選南瓜頭部質地較密的，水煮後比較能保持形狀。

食材：	調料：
·南瓜	·法式迪戎芥末醬
·豌豆	·法式迪戎芥末顆粒醬
·洋蔥	·新鮮淡奶油
·荷蘭芹	·初榨橄欖油
	·新鮮檸檬汁

1

2

3

馬鈴薯風味沙拉

做法：

1. 芥末醬汁做法：將法式迪戎芥末醬及法式迪戎顆粒芥末醬各一半、初榨橄欖油、蘋果醋、白砂糖放入一小碗中攪拌均勻調成芥末醬汁。
2. 馬鈴薯洗淨削皮切大塊，四季豆洗淨切掉蒂頭，紫洋蔥去皮切絲，荷蘭芹洗淨切碎，大花豆洗淨備用，檸檬洗淨用刨刀刨取皮絲。
3. 取兩湯鍋裝水，一鍋放大花豆，一鍋放馬鈴薯，各煮二十五分鐘，馬鈴薯那一鍋於倒數剩四分鐘時放入四季豆，以上食材煮熟後全部撈出瀝乾。
4. 取一大碗分別放入馬鈴薯、大花豆、四季豆、紫洋蔥絲、荷蘭芹碎、芥末醬汁，拌勻後裝盤。
5. 裝盤後撒上檸檬皮絲，食用時分裝小盤即可。

註：此道乃依據喬吉娜・法格食譜的自我練習菜。

食材：		調料：
	・紫洋蔥	
	・荷蘭芹	
・馬鈴薯	・檸檬	・法式迪戎顆粒芥末醬
・四季豆		・法式迪戎芥末醬
・大花豆		・初榨橄欖油

15

紅米藜麥蘆筍沙拉

做法：

1. 紅米和藜麥洗淨備用，湯鍋加水煮滾後放入紅米並丟入一撮鼠尾草，煮十分鐘後放入藜麥續煮七分鐘，加少許海鹽後出爐倒掉湯汁和鼠尾草，把紅米和藜麥取出放入大沙拉碗裡備用。
2. 乾燥松茸切片加冷水泡軟後切碎，紫洋蔥去皮切碎，櫻桃蘿蔔切薄片。
3. 另一湯鍋加水煮滾放一些海鹽，蘆筍放入煮一分鐘後撈出放涼，切小段後放入大沙拉碗裡。
4. 炒鍋放油開小火，炒軟洋蔥碎後，加入蝦皮同炒，等蝦皮變色放入松茸碎炒熟，加一些海鹽和黑胡椒碎後取出一起放入大沙拉碗裡。
5. 加一些薄荷醋和檸檬橄欖油，把大沙拉碗的材料拌勻裝盤，撒上紫洋蔥絲，櫻桃蘿蔔切片和香菜苗即可。

食材：		調料：
	·乾燥松茸切片	
	·紫洋蔥	
·紅米	·櫻桃蘿蔔	·黑胡椒碎
·藜麥	·香菜苗	·薄荷醋
·蘆筍	·鼠尾草	·海鹽
·櫻花蝦皮		·檸檬橄欖油

1

2

3

4

5

藜麥紅腰豆蘆筍沙拉

  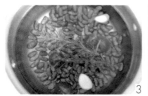 

做法:

1. 紅腰豆泡水在冰箱冷藏一夜,洗淨瀝乾後放入湯鍋加水、去皮大蒜瓣、一顆切開的小番茄、兩枝迷迭香,大火煮滾後轉小火續煮四十分鐘,把多餘的湯汁倒掉並加一些岩鹽拌勻備用。

2. 三色藜麥放入另一湯鍋加水大火煮開,轉小火續煮十二分鐘後撈出瀝乾放涼備用。

3. 另一湯鍋加水開大火煮滾,放入蘆筍續煮二分鐘後撈出放入冰水中冰鎮,稍涼後取出切小段備用。

4. 檸檬刷洗乾淨,分別刮取檸檬皮絲及榨汁備用,桂圓核桃麵包切小丁,小番茄縱向切對半。

5. 把紅腰豆、三色藜麥、蘆筍段、小番茄瓣、麵包丁,放入沙拉碗中加黑胡椒碎、岩鹽、泡乾辣椒橄欖油拌勻後裝盤。

6. 裝盤後撒上檸檬皮絲及新鮮薄荷嫩葉。

食材:
· 三色藜麥
· 紅腰豆
· 蘆筍
· 小番茄
· 核桃桂圓麵包
· 迷迭香
· 大蒜瓣
· 檸檬
· 薄荷

調料:
· 泡乾辣椒橄欖油
· 岩鹽
· 黑胡椒碎

17

紫米蘆筍番茄沙拉

做法：

1. 除櫻花蝦皮外所有食材洗淨瀝乾，大蒜瓣和紅蔥頭去皮切薄片，小番茄縱向切成四瓣，去籽黑橄欖橫向切片。
2. 三個湯鍋同時加水大火煮開，一鍋放入紫米加迷迭香和一顆切開的小番茄，煮二十五分鐘後撈出加少許鹽拌勻。另一鍋放入米豆加鼠尾草和一顆切開的小番茄，煮開後撈出加少許鹽拌勻。另一鍋加一小撮海鹽後放入蘆筍，煮二分鐘後撈出冰鎮待涼後切小段，把小米放入煮蘆筍的那一湯鍋續煮六分鐘後撈出放涼。
3. 小煎鍋放油小火爆香大蒜片和紅蔥頭片，放入櫻花蝦皮炒香，加海鹽和黑胡椒碎調味後取出備用。
4. 把紫米、米豆、小米、蘆筍、小番茄、大蒜紅蔥頭蝦皮炒料，去籽黑橄欖切片，放入大沙拉碗，加初榨橄欖油，茴香醋拌勻後裝盤，裝盤後撒上新鮮薄荷嫩葉。

食材：

・紫米
・小米
・米豆（黑眼豆）
・蘆筍
・小番茄
・紅蔥頭
・大蒜瓣
・櫻花蝦皮
・薄荷
・去籽黑橄欖

調料：

・黑胡椒碎
・初榨橄欖油
・海鹽
・茴香醋

1

2

3

4

5

6

18

蒜香蝦皮馬鈴薯沙拉

做法：

1. 蔬菜和小米分別洗淨，馬鈴薯和胡蘿蔔去皮切小丁，大蒜瓣去皮切碎，蠶豆去皮用手掰成兩瓣，雞蛋打散成蛋液加一些海鹽拌勻備用。
2. 湯鍋加水大火煮滾後加一撮海鹽，放入馬鈴薯丁、胡蘿蔔丁、小米，煮八分鐘後加入蠶豆瓣，續煮四分鐘後把全部食材撈出放入大沙拉碗，加黑胡椒碎、香草醋、海鹽、初榨橄欖油，拌勻後備用。
3. 煎鍋放油開小火爆香大蒜碎，放入櫻花蝦皮同炒，等櫻花蝦皮香氣出來加一些海鹽調味，然後取出鋪在之前拌好的沙拉上。
4. 原煎鍋再加一些油開中大火，倒入蛋液迅速攤平煎成一張蛋皮，馬上出鍋放涼切成蛋皮絲也鋪在沙拉上。
5. 最後撒一些新鮮小茴香嫩葉在蛋皮絲上。

食材：	·胡蘿蔔	調料：	·初榨橄欖油
	·蠶豆		
·大蒜瓣	·小米	·黑胡椒碎	
·櫻花蝦皮	·雞蛋	·香草醋	
·馬鈴薯	·小茴香	·海鹽	

1

2

3

4

19

臘腸馬鈴薯沙拉

做法：

1. 花椒味中式鹹臘腸用水煮滾二十分鐘後，撈出放涼切小丁。
2. 馬鈴薯和胡蘿蔔去皮切小丁，放入煮開的湯鍋約十五分鐘燙熟後撈出備用，接著放入豌豆仁和四季豆約四分鐘後全部撈出，四季豆放涼後切小段。
3. 另一湯鍋加水放小米煮滾十五分鐘撈出備用。
4. 煎鍋放油小火炒香臘腸丁後放入櫻花蝦皮同炒，等櫻花蝦皮變金黃色後一起取出備用。
5. 把馬鈴薯丁，胡蘿蔔丁，小米，豌豆，四季豆段散置於大沙拉碗中，中間鋪上臘腸丁炒香皮，撒一些海鹽並淋上白芝麻油，最後撒滿新鮮小茴香嫩葉。
6. 食用時拌勻分裝小盤即可。

食材：	調料：
· 花椒味中式鹹臘腸	· 白芝麻油
· 櫻花蝦皮	· 海鹽
· 馬鈴薯	
· 小米	
· 豌豆	
· 胡蘿蔔	
· 小茴香	
· 四季豆	

田園輕食沙拉

做法：

1. 蔬菜全部洗淨，胡蘿蔔去皮切小丁，紫洋蔥去皮切碎，玉米用刀縱向切開玉米粒，蘆筍切成四大段，豌豆剝取豌豆仁，荷蘭芹保留花朵其餘切碎。

2. 湯鍋加水開大火煮滾時加入一撮鹽，胡蘿蔔丁和玉米粒先放入煮五分鐘，接著放入蘆筍段和豌豆續煮二分鐘，然後把全部食材撈出瀝乾水份，蘆筍除尾部保留其餘切成小丁，把以上食材和紫洋蔥碎放入大沙拉碗中。

3. 撒上黑胡椒碎、岩鹽、荷蘭芹碎，擠一些新鮮檸檬汁進去，淋一些初榨橄欖油把食材拌勻後裝盤。

4. 裝盤後擺上蘆筍尾部和荷蘭芹花朵。

食材：	・胡蘿蔔	調料：
	・紫洋蔥	
・蘆筍	・荷蘭芹	・黑胡椒碎
・玉米	・檸檬	・岩鹽
・豌豆		・初榨橄欖油

1

2

白芸豆紅米番茄沙拉

做法：

1. 白芸豆和小紅豆洗淨後泡水放冰箱冷藏一夜。
2. 一湯鍋加水放入白芸豆、迷迭香、一顆切開的小番茄、去皮的大蒜瓣，開大火煮滾後轉小火續煮一小時起鍋，倒掉多餘的湯汁，趁熱加一些岩鹽拌勻後備用。
3. 另一湯鍋加水放入小紅豆及一顆用鹽和糖醃過的酸梅，開大火煮滾後轉小火續煮四十五分鐘起鍋，倒掉多餘的湯汁趁熱加一些岩鹽拌勻備用。
4. 另一湯鍋放水加入紅米，開大火煮滾後續煮二十分鐘後撈出備用。
5. 炒鍋放油爆香大蒜碎，放入豌豆炒熟加鹽後取出備用。
6. 把以上食材放入大碗中，加入切開的小番茄、黑胡椒碎、岩鹽、初榨橄欖油、新鮮檸檬汁，拌勻後裝盤。
7. 裝盤後撒上新鮮薄荷葉及烤過的杏仁片。

食材：		調料：
	·小番茄	
	·薄荷	
·白芸豆	·迷迭香	·新鮮檸檬汁
·小紅豆	·大蒜瓣	·初榨橄欖油
·豌豆	·杏仁片	·黑胡椒碎
·紅米		·岩鹽

22

三色薯鮪魚雞蛋沙拉

做法：

1. 食材洗淨，紫薯、紅薯、馬鈴薯，三者去皮切小丁，香菜切碎，
   油漬罐頭鮪魚打開後用叉子搗碎。
2. 雞蛋洗淨放入另一湯鍋加水開大火，預計煮七分鐘後撈出放涼剝
   掉蛋殼，把雞蛋大略切碎。
3. 湯鍋加水開大火，水滾後放入三色切好的薯丁和一小撮海鹽，煮
   二十分鐘後撈出放入大沙拉碗中。
4. 把油漬鮪魚肉碎連同浸油一起放入大沙拉碗中，加黑胡椒碎、海
   鹽，新鮮檸檬汁，初榨橄欖油，攪拌均勻後取出裝盤。
5. 裝盤後鋪上雞蛋碎，並撒上香菜碎和黑胡椒碎，食用時再分裝小
   盤。

食材：

· 紫薯
· 紅薯（番薯）
· 馬鈴薯
· 雞蛋
· 油漬鮪魚罐頭
· 香菜

調料：

· 黑胡椒碎
· 海鹽
· 新鮮檸檬汁

黑豆黍米烤番茄沙拉

做法：

1. 小番茄縱向切對半和未剝皮大蒜瓣及新鮮迷迭香一起放入烤盤，撒少許海鹽和黑胡椒碎並淋上橄欖油，放入用二百度已預熱十五分鐘的烤箱續烤二十分鐘。
2. 泡過冷水四小時的黑豆放入湯鍋，加水、新鮮迷迭香、剝皮的大蒜瓣、一顆切開的小番茄，開大火煮滾後續用小火燜煮一小時，撈出並拌少許海鹽調味後備用。
3. 小米加冷水用湯鍋煮滾後放入切好的蘆筍段，續煮四分鐘後一起撈出放入大沙拉碗，把烤好的小番茄和煮好的黑豆也放入，接著放入切好的洋蔥絲。
4. 煎鍋放油把大蒜切片、火腿切片、麵包丁炒香，加少許黑胡椒碎拌炒，取出後放入大沙拉碗和之前食材混合。
5. 加少許雪莉酒醋拌勻後裝盤，裝盤後放上去皮的烤大蒜瓣和新鮮香菜花。

食材：		調料：
	·大蒜瓣	
	·迷迭香	
·黑豆	·義式風乾火腿片	·初榨橄欖油
·黍米（小米）	·香菜花	·海鹽
·小番茄	·堅果麵包丁	·黑胡椒碎
·蘆筍		·雪莉酒醋
·紫洋蔥		

24

紅腰豆番茄蔬菜沙拉

做法：

1. 蔬菜全部洗淨瀝乾，卷葉萵苣用手掰成小片，雙色小番茄縱向切兩半，薄荷摘取嫩葉。

2. 紅腰豆浸泡一夜後撈出放湯鍋，加入水、一顆切開的小番茄、迷迭香、去皮大蒜瓣，開大火煮滾後轉小火續煮一小時，撈出後拌一些海鹽。

3. 取沙拉盤先把卷葉萵苣和芝麻菜放在下層墊底，接著放入小番茄、紅腰豆、葡萄乾，撒上黑胡椒碎、海鹽、新鮮薄荷葉，最後淋上蜂蜜油醋醬，食用時拌勻即可。

註：蜂蜜油醋醬由蜂蜜、初榨橄欖油和巴沙米可醋調和而成。

食材：	·卷葉萵苣	調料：	·黑胡椒碎
	芝麻菜		·蜂蜜
·紅腰豆	·薄荷	·巴沙米可醋	
·橘色小番茄	·葡萄乾	·海鹽	
·紅色小番茄		·初榨橄欖油	

1

2

3

4

5

芸豆薏仁番茄香草沙拉

做法：

1. 芸豆和薏仁洗淨後泡冷水至少二小時，撈出後放湯鍋加水並加入鼠尾草和兩顆切開的小番茄，開大火煮滾後轉小火煮一個半小時，撈出瀝乾湯汁順便把鼠尾草和小番茄檢出丟棄。

2. 把芸豆和薏仁放入大沙拉碗，加海鹽、初榨橄欖油、少許檸檬橄欖油、黑胡椒碎和薄荷醋拌勻後備用。

3. 小番茄洗淨後縱向切對半，加海鹽、黑胡椒碎、百里香，初榨橄欖油和帕馬森乳酪絲醃五分鐘。

4. 拌好的芸豆和薏仁裝入沙拉盤，把醃好的小番茄鋪在上面，小茴香苗和紫洋蔥絲沿著盤邊擺一圈。

5. 食用時分裝小盤配綠茶和水果當成中午的輕食。

註：薄荷醋可以自製，把新鮮薄荷用白葡萄酒醋泡一周即可使用。

食材：

- 芸豆（大腰豆）
- 薏仁（薏米）
- 小番茄
- 鼠尾草
- 百里香
- 小茴香苗
- 帕馬森乳酪

調料：

- 初榨橄欖油
- 檸檬橄欖油
- 薄荷醋
- 海鹽
- 黑胡椒碎

26

酪梨無花果火腿沙拉

做法：

1. 酪梨和無花果洗淨瀝乾，酪梨去皮去核後縱向切薄片而無花果不去皮每顆縱向切成八瓣。
2. 取一平盤，酪梨片平鋪於外圈，無花果瓣鋪於內圈，西班牙火腿片置於中央。
3. 撒上烤過的核桃碎和切碎的藍紋乳酪，再撒上新鮮薄荷嫩葉。
4. 撒少許海鹽和黑胡椒碎，最後再淋上檸檬汁和初榨橄欖油。
5. 此道可當正餐的前菜或是下午茶點心。

註：西班牙火腿片已有鹹味，海鹽使用要減量。

食材：
· 酪梨（牛油果）
· 無花果
· 西班牙火腿切片
· 核桃
· 薄荷
· 藍紋乳酪

調料
· 新鮮檸檬汁
· 黑胡椒碎
· 海鹽
· 初榨橄欖油

1

2

3

4

5

6

無花果小茴香火腿沙拉

做法:

1. 無花果洗淨後切除蒂頭,每顆無花果縱向切四瓣後直接放在沙拉盤裡,切好的羅勒佛卡夏麵包片放在無花果旁。
2. 在無花果上鋪上伊比利亞火腿片並撒上新鮮的小茴香花朵和嫩葉,淋上少許檸檬橄欖油和巴沙米可醋,最後撒上少許四色胡椒碎。
3. 剩下的小茴香嫩葉和枝梗切斷後沖熱開水泡成小茴香茶。
4. 食用時無花果小茴香火腿沙拉配羅勒佛卡夏麵包和小茴香茶,這是一份簡易午餐或者當下午茶餐點也很合適。

註:四色胡椒碎即由黑,紅,綠,白四種顏色混合的烤熟胡椒粒,使用時當場磨碎即用。

食材:

- ·無花果
- ·小茴香花朵及嫩葉
- ·西班牙伊比利亞火腿切片
- ·羅勒佛卡夏麵包

調料:

- ·四色胡椒碎
- ·檸檬橄欖油
- ·義大利巴沙米可醋

1

2

3

4

28

夏日芒果明蝦沙拉

做法：

1. 蔬菜水果全部洗乾淨瀝乾，芒果去皮切中丁，小番茄縱向切對半，紫洋蔥去皮切絲，核桃麵包切丁用油煎香。

2. 大明蝦去頭去殼留最後一截尾殼然後開背去泥腸，撒黑胡椒碎，淋一些橄欖油醃兩分鐘，煎鍋放油開大火把大明蝦兩面煎熟並撒一點海鹽調味，淋一些白葡萄酒嗆鍋後取出備用，原煎鍋再放少許油把蝦頭煎香後取出，放入湯鍋加一些小番茄丁熬煮十五分鐘加海鹽及黑胡椒碎，撒一些荷蘭芹碎當餐前湯。

3. 芒果丁、麵包丁、紫洋蔥絲、小番茄瓣裝盤，中間放大明蝦，撒上薄荷葉、小地榆、烤過的辣椒絲和杏仁片、黑胡椒碎、淋上茴香醋、香草橄欖油、現榨檸檬汁。

4. 沙拉食用時拌勻即可，配上蝦頭番茄湯，剩餘的芒果丁淋一些原味優酪乳撒上薄荷當甜點。

食材：	·核桃烤麵包	調料：	·海鹽
	·薄荷		·現榨檸檬汁
·大明蝦	·小地榆	·黑胡椒碎	
·芒果	·杏仁片	·茴香醋	
·小番茄	·辣椒絲	·香草橄欖油	
·紫洋蔥			

1

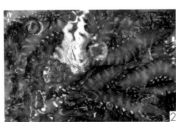
2

3

4

5

6

29 伊比利亞火腿蜜瓜沙拉

做法：

1. 新疆哈密瓜洗淨切開去囊，先切成瓣再切成薄片，把哈密瓜切片裝盤置於盤底。
2. 比利亞火腿切片用手撕成小片鋪在哈密瓜上，刨一些帕馬森乾酪薄片上去。
3. 撒一些黑胡椒碎和新鮮薄荷嫩葉，最後淋上由巴沙米可醋和初榨橄欖油混合調成的醬汁。
4. 此道當成正餐前菜或下午茶點心皆可，喜歡喝葡萄酒的配一杯白酒或紅酒皆可。

註：伊比利亞火腿越熟成越香。

食材：	調料：
·西班牙伊比利亞火腿切片	·義大利巴沙米可醋
·新疆哈密瓜	·希臘初榨橄欖油
·義大利帕瑪森乳酪	·黑胡椒碎
·薄荷	

30

香草蜜瓜火腿沙拉

做法：

1. 哈密瓜洗淨切開去囊，用半球形的水果挖取器挖取果肉，把哈密瓜果肉裝在沙拉盤裡。
2. 伊比利亞火腿切片用手撕成小片後鋪在哈密瓜上，刨一些帕瑪森乾酪薄片上去，撒上新鮮小茴香的嫩葉和花蕊，再撒一些現磨的黑胡椒碎，最後淋上由初榨橄欖油和巴沙米可醋調和而成的醬汁。
3. 食用時再分裝小盤即可，此道當成下午茶餐點或小酒館的輕食，配一杯葡萄酒也很愜意。

註：哈密瓜和小茴香花蕊帶有甜味，伊比利亞火腿和帕馬森乳酪帶有鹹味，巴沙米可醋則酸、鹹、甜三者兼而有之，因此味道豐富且可以相互平衡。

食材：

· 哈密瓜
· 西班牙伊比利亞火腿切片
· 小茴香
· 帕瑪森乾酪

調料：

· 黑胡椒碎
· 初榨橄欖油
· 巴沙米可醋

紅米白腰豆鮪魚沙拉

做法：

1. 紅米和白腰豆分別洗淨各自浸泡十分鐘後瀝乾備用。
2. 取兩個湯鍋分別加水開大火煮開，一鍋放入紅米一鍋放入白腰豆，白腰豆那一鍋再加入一顆切開的小番茄、去皮大蒜瓣、新鮮迷迭香，等再度煮開兩鍋都轉小火，紅米續煮二十分鐘，白腰豆續煮三十分鐘，分別撈出瀝乾。
3. 櫻桃蘿蔔切薄片，加茴香醋、海鹽、白砂糖，醃製十分鐘後擠掉多餘的湯汁備用。
4. 鮪魚排撒白胡椒粉、海鹽，抹上橄欖油醃製五分鐘，煎鍋放油開大火放入生姜片和小蔥段爆香後撈出丟棄，放入尾魚排煎一分鐘後轉中小火續煎一分鐘，翻面重複以上煎魚步驟後取出放涼，用手把魚排掰成小塊。
5. 原煎鍋直接加入白腰豆和紅米，迅速拌炒後出鍋裝盤。
6. 把鮪魚塊和櫻桃蘿蔔一併裝盤，撒上香菜葉和香菜花。

食材：
・鮪魚排
・紅米
・白腰豆
・紫洋蔥
・櫻桃蘿蔔
・香菜
（帶花的香菜）
・生姜片
・小蔥

調料：
・白胡椒粉
・海鹽
・橄欖油
・茴香醋
・白砂糖

01

香橙松子沙拉

做法：

1. 橙子洗淨後去皮取整顆果肉，然後橫向切薄片平鋪於沙拉盤裡。
2. 松子用小煎鍋烤到香氣出來呈焦黃色，稍涼後撒在橙子上。
3. 接著撒上黑胡椒碎及切碎的藍紋乳酪，淋上初榨橄欖油，以薄荷花朵及嫩葉裝飾盤面。
4. 配歐姆煎蛋和咖啡當早餐。

食材：

· 橙子
· 松子
· 藍紋乳酪
· 黑胡椒碎
· 薄荷

調料：

· 初榨橄欖油

芒果油桃奇異果沙拉

做法：

1. 水果全部洗淨後，芒果去皮去核切小丁，油桃去核切小丁，奇異果削皮切小丁，把全部水果丁散置於大沙拉碗裡。
2. 核桃仁、腰果仁、杏仁碎烤香和葡萄乾與曼越莓乾一起加入沙拉碗裡。
3. 撒上乾椰子蓉並刨一些帕瑪森乾酪薄片，加入岩鹽、黑胡椒碎、香草醋、蜂蜜和初榨橄欖油。
4. 最後撒上新鮮薄荷葉和鼠尾草花。
5. 食用時拌勻並分裝小碗，配咖啡和玉米片當下午茶點心。

食材：	・杏仁碎	調料：
	・葡萄乾	
・芒果	・曼越莓乾	・岩鹽
・油桃	・乾椰子蓉	・胡椒碎
・奇異果	・帕瑪森乾酪	・香草醋
・核桃	・鼠尾草花	・蜂蜜
・腰果	・薄荷葉	・初榨橄欖油

1

2

3

4

杏仁草莓沙拉

做法：

1. 草莓除去蒂頭週圍綠色裙葉，洗淨一遍後再用清水浸泡十分鐘撈出瀝乾，每顆
　 縱向切對半。
2. 金桔洗淨只取皮使用並切成碎末。
3. 杏仁粉、燕麥粉、白砂糖，加熱開水充分攪拌調成醬汁。
4. 切好的草莓裝盤，撒上金桔皮碎末、藍莓乾果、預先考好的杏仁片以及新鮮的
　 小茴香嫩葉。
5. 最後淋上醬汁，食用時拌勻即可。
6. 下午茶時當點心再來一杯咖啡和蛋糕，猶如冬日一道暖陽。

食材：

· 草莓
· 金桔
· 杏仁片
· 藍莓乾果
· 小茴香

調料：

· 杏仁粉
· 燕麥粉
· 白砂糖

04

白雪映山紅沙拉

做法：

1.櫻桃洗淨對半切開並去籽。
2.去籽的櫻桃瓣放置於沙拉碗上堆成一座小山。
3.山頂撒上新鮮的白色香菜花並淋上原味優格。
4.食用時拌勻即可。

食材：   調料：

・櫻桃   ・原味優格（原味酸奶）
・香菜花

冬季沙拉

做法：

1. 水果洗淨，金黃奇異果削皮後切塊，草莓去蒂後縱向切對半，金桔縱向切成八瓣，把切好的水果全部放入沙拉碗裡。
2. 核桃仁、南瓜子仁、杏仁片放入小煎鍋，開最小火烤至金黃後也放入沙拉碗裡。
3. 撒入切碎的藍紋乳酪、葡萄乾、蔓越莓乾、藍莓乾、龍眼乾。
4. 最後撒一些黑胡椒碎和新鮮薄荷葉，淋少許蜂蜜和檸檬橄欖油。
5. 食用時拌勻配咖啡和烤麵包，冬季剛好草莓、金桔、奇異果盛產，利用應節水果來做沙拉最好。

食材：

- 草莓
- 金桔
- 金黃奇異果
- 薄荷
- 藍紋乳酪
- 核桃
- 杏仁片
- 南瓜子
- 葡萄乾
- 曼越莓乾
- 藍莓乾
- 龍眼乾

調料：

- 黑胡椒碎
- 蜂蜜
- 檸檬橄欖油

1

2

3

4

5

06

四果小地榆沙拉

做法：

1.蘋果和芒果去皮取肉切小丁。
2.油桃洗淨不去皮去核切小丁。
3.香蕉去皮切薄片。
4.以上四種水果散置於一玻璃大碗。
5.撒上烤好的麵包細屑及新鮮小地榆嫩葉。
6.淋上由蜂蜜和新鮮檸檬汁調成的醬汁。
7.食用時拌勻即可。

食材：

· 香蕉
· 油桃
· 蘋果
· 芒果
· 烤麵包屑
· 蜂蜜
· 小地榆
· 檸檬

1

2

3

4

5

快速蘋果金桔沙拉

做法:

1.未打蠟的蘋果洗淨不削皮去核切薄片。
2.金桔洗淨橫向切小片（金桔籽不用去除，味道不會太大影響）。
3.蘋果片和金桔片裝盤後，撒上切碎的藍紋乳酪並刨一些帕馬森乳酪上去。
4.小茴香葉撕碎撒在乳酪上，撒黑胡椒碎及鹽岩並淋上橄欖油及蜂蜜。
5.食用時拌勻即可

食材：
・藍紋乳酪
・帕瑪森乳酪

・蘋果
・金桔
・小茴香

調料：

・黑胡椒碎
・鹽岩
・初榨橄欖油
・蜂蜜

1

2

3

4

08

冬季假日草莓沙拉

做法：

1. 把草莓蒂周圍的綠色裙葉剝除洗淨一遍後，用微小的活水浸泡十分鐘（如此比較可以去除農藥殘留）後撈出瀝乾，每顆縱向切對半。
2. 薄荷及小地榆洗淨甩乾後取嫩葉備用。
3. 燕麥粉、杏仁粉用熱開水調成濃稠狀待稍涼後加入蜂蜜混合製成醬汁。
4. 把切好的草莓裝在沙拉碗中，撒上開心果及黑櫻桃乾果，淋上調好的醬汁。
5. 最後撒上薄荷、小地榆嫩葉以及榛果糖小顆粒。
6. 配上咖啡及橙皮麵包是冬季假日慵懶的早午餐。

食材：	調料：
· 草莓	· 燕麥粉
· 薄荷	· 杏仁粉
· 小地榆	· 蜂蜜
· 黑櫻桃乾果	· 榛果糖小顆粒
· 開心果	

1

2

3

4

5

石榴水果沙拉

做法：

1. 石榴去皮剝取果實即石榴子。
2. 無籽小葡萄及藍莓洗淨和石榴子一起放在玻璃碗裡。
3. 淋上原味優格及撒上新鮮薄荷葉。
4. 食用時拌勻即可。

食材：

· 石榴
· 無籽小葡萄
· 藍莓
· 薄荷
· 原味優格（原味酸奶）

1

2

3

4

5

油桃蜜蜂草沙拉

做法：

1. 油桃用水刷洗乾淨並浸泡十五分鐘後瀝乾。
2. 油桃去核不去皮切成小丁。
3. 杏仁粉、燕麥粉、亞麻仁籽粉、炒熟的蕎麥粒、放在一小碗裡加煮滾的開水攪
   拌均勻，待稍涼後加一些蜂蜜調成醬汁。
4. 油桃小丁放入一玻璃碗，撒上蜜蜂草最後淋上醬汁。
5. 食用時拌勻即可。

食材：

· 油桃
· 蜜蜂草（香蜂草）

調料：

· 蕎麥粒
· 杏仁粉
· 燕麥粉
· 亞麻仁籽粉
· 蜂蜜

1

2

3

4

11

小白花芒果沙拉

做法：

1. 芒果洗淨後削皮，沿著果核取兩瓣果肉然後切細長條形，把芒果條散置於沙拉碗裡。
2. 撒上藍莓、榛果糖碎和杏仁碎，擠一些檸檬汁上去並淋上龍眼花蜂蜜，最後撒上香菜小白花。
3. 配綠茶和鬆餅當下午茶點心。

食材：
·愛文芒果
·藍莓
·檸檬
·小白花
　（香菜花）
·榛果糖碎
·杏仁碎
　（烤熟過的）

調料：
·龍眼花蜂蜜

12 姑娘果沙拉

做法：

1.把姑娘果的外層薄膜剝除，洗淨後瀝乾裝盤。
2.淋上原味優格，以薄荷裝飾盤面。
3.食用時拌勻把姑娘果裹上一層優格。

食材：

・姑娘果
・薄荷

調料：

・原味優格（原味酸奶）

1

2

3

4

金桔蘋果藍紋乳酪沙拉

做法：

1. 無打蠟阿克蘇蘋果洗淨去核切薄片，鋪於盤底。
2. 金桔橫向切片去籽鋪於蘋果上。
3. 藍紋乳酪切碎散撒盤面。
4. 撒黑胡椒碎、岩鹽，淋上初榨橄欖油，擠一點新鮮檸檬汁，最後以薄荷葉裝飾。

食材：

· 阿克蘇蘋果
· 金桔
· 藍紋乳酪
· 薄荷

調料：

· 黑胡椒碎
· 岩鹽
· 初榨橄欖油
· 檸檬

1

2

3

14

奇異果松子沙拉

做法:

1.奇異果洗淨削皮橫向切薄片,平鋪於盤底。
2.撒上松子及切碎的藍紋乳酪。
3.新鮮的小茴香葉撕碎散置其上,撒一些岩鹽並擠一點新鮮的檸檬汁。
4.最後撒一些黑胡椒碎。

註1:奇異果的熟度和甜度成正比,如果奇異果太酸可酌量加一些蜂蜜來調味,另外把較熟及較生的奇異果混合搭配也是不錯的選擇。
註2:松子如果有時間事先烤過香氣及口感更佳。

食材:

・奇異果
・藍紋乳酪
・松子
・小茴香

調料:

・黑胡椒碎
・岩鹽
・初榨橄欖油
・檸檬汁

1

2

3

4

5

芒果酪梨乳酪香草沙拉

做法：

1. 芒果和酪梨洗淨去皮去籽切小丁，酪梨丁放在盤底，芒果丁放在酪梨上面，切碎的法國軟質山羊乳酪鋪在芒果丁上。
2. 小茴香、香蜂草、薄荷洗淨後甩乾殘水摘取嫩葉，把香草散撒於盤面，接著擠一些新鮮檸檬汁淋上去。
3. 撒一些岩鹽、四色胡椒碎，最後淋上初榨橄欖油。
4. 食用時拌勻分裝小盤。

註：四色胡椒碎由黑、白、紅、綠四種顏色胡椒混合而成。

食材：

· 芒果
· 酪梨（牛油果）
· 法國軟質山羊乳酪
· 小茴香
· 香蜂草
· 薄荷
· 檸檬

調料：

· 四色胡椒碎
· 初榨橄欖油
· 岩鹽

16

石榴葡萄蘋果沙拉

做法：

1. 水果全部洗淨，檸檬切開榨汁後取一半裝在一碗裡，加少許冷開水攪拌成檸檬水備用。
2. 另一半檸檬汁加蜂蜜和原味優格，攪拌均勻調成醬汁。
3. 蘋果不去皮直接縱向切片後切細長條，把有核的部份檢出丟棄，把蘋果條放入檸檬水裡浸泡五分鐘後撈出放入沙拉碗。
4. 接著放入剝好的石榴果實和去蒂無籽小葡萄，淋上調好的醬汁，擺上新鮮薄荷葉，食用時拌勻即可。

食材：

・石榴
・無籽小葡萄
・無打蠟蘋果
・檸檬

・蜂蜜
・原味優格（原味酸奶）
・薄荷

1

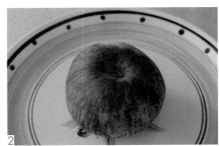
2

3

4

17

金桔蘋果沙拉

做法：

1.金桔切片去籽。
2.蘋果去皮切片。
3.蘋果片和金桔片依序鋪盤。
4.撒上藍紋乳酪、杏仁片、小茴香、黑胡椒碎。
5.最後淋上小茴香醋、橄欖油。

註：小茴香醋用小茴香籽泡白葡萄酒醋而成，藍紋乳酪的份量決定鹹度，因此要
適量。

食材：   ·小茴香
            ·藍紋乳酪

·金桔
·蘋果
·杏仁片（烤熟過的）

白桃藍莓酸奶沙拉

做法：

1. 白桃洗淨去皮去核，切辦後平鋪於
   盤裡。
2. 藍莓洗淨後放入醬料鍋，加入冰糖
   後開中火煮滾，加入現榨檸檬汁，
   再煮五分鐘熬成藍莓果醬。
3. 取一醬料碗，把原味酸奶和熬好的
   藍莓果醬攪拌調成藍莓酸奶醬。
4. 把藍莓酸奶醬淋在切好的白桃上，
   撒上新鮮茉莉花和薄荷葉。

食材：

· 白桃（白肉水蜜桃）
· 藍莓
· 檸檬
· 薄荷
· 茉莉花
· 冰糖
· 原味優格（原味酸奶）

1

2

3

4

5

19

蘋果開心果沙拉

做法：

1. 杏仁粉和亞麻仁籽粉混合後用熱開水調開，稍涼後加入原味優格及蜂蜜調成濃稠醬汁。
2. 蘋果洗淨削皮去核切小丁，放入大沙拉碗，擠四分之一顆新鮮檸檬汁均勻灑在蘋果丁上。
3. 金桔縱向切對半，去籽後切薄片放在蘋果丁中間，葡萄乾、開心果、藍紋乳酪碎散撒於水果丁四周，新鮮迷迭香放在最上裝飾。
4. 淋上之前備好的杏仁蜂蜜醬汁即告完成。
5. 食用時拌勻分裝小盤，配咖啡和甜點當下午茶。

註：迷迭香香氣濃郁用量不可太多。

食材：		調料：
	・開心果	
	・葡萄乾	
・蘋果	・迷迭香	・杏仁粉
・金桔	・檸檬	・亞麻仁籽粉
・藍紋乳酪		・原味優格（原味酸奶）
		・蜂蜜

1

2

3

4

5

茉莉蟠桃沙拉

做法：

1. 蟠桃、芒果洗淨去皮取肉後切小丁。
2. 新鮮茉莉花洗淨瀝乾後把花瓣一瓣一瓣掰開。
3. 薄荷洗淨瀝乾後摘取嫩葉。
4. 把蟠桃丁和芒果丁混合散置於沙拉碗中。
5. 撒上薄荷葉，並淋上原味優格。
6. 最後像天女散花一樣，把茉莉花瓣隨意撒在頂上。

食材： ・茉莉
　　　 ・薄荷
・蟠桃
・芒果

調料：

・原味優格（原味酸奶）

1

2

3

4

21

香草芒果乳酪沙拉

做法:

1. 小茴香、香蜂草、薄荷洗淨後甩乾殘水,摘取嫩葉鋪於盤底,芒果洗淨去皮取肉切成小塊並散置於香草上,軟質山羊乳酪切小塊也散置於香草上。
2. 在山羊乳酪上撒上羅勒籽、鼠尾草籽、黑胡椒碎。
3. 均勻撒上岩鹽並淋一些新鮮檸檬汁和初榨橄欖油,最後鋪上事先烤好的杏仁脆片。
4. 食用時拌勻分裝小盤,配上客家擂茶黑豆烤麵包和咖啡當早餐。

註:法國軟質山羊乳酪已有相當鹹味,加鹽調味時要減量。

食材:	・香蜂草	調料:
	・薄荷	
・芒果	・杏仁片	・岩鹽
・法國軟質山羊	・羅勒籽	・初榨橄欖油
乳酪	・鼠尾草籽	・新鮮檸檬汁
・小茴香	・黑胡椒碎	

1

2

3

4

5

香草酸奶醬水蜜桃沙拉

做法：

1. 水蜜桃洗淨後去核切薄片。
2. 香草莢用刀縱向切開後再用刀面刮取裡面的香草籽，檸檬切開後搾汁，把香草籽、檸檬汁、白砂糖放入醬料碗裡混合，再加入鮮奶油和原味酸奶，用電動攪拌棒打成香草醬。
3. 水蜜桃薄片放在沙拉盤上，淋上香草醬，撒上榛果糖粒和新鮮薄荷葉。
4. 食用時分裝小盤，配咖啡和小餐包當早餐食用。

食材：

· 水蜜桃
· 薄荷
· 榛果糖粒
· 檸檬
· 原味優格（原味酸奶）
· 香草莢

調料：

· 白砂糖
· 鮮奶油（淡奶油）

1

2

3

4

5

香草橙子乳酪沙拉

做法：

· 三種香草全部洗淨後用乾殘水，摘取嫩葉散置於盤底。
· 水果洗淨後，小番茄縱向切對半，橙子去皮去籽依果瓣方向取肉後切小塊，軟質山羊乳酪切碎，以上食材均勻鋪在香草上。
· 擠一些新鮮的檸檬汁上去，撒上岩鹽和四色胡椒碎，放一些藍莓乾果點綴，最後淋上初榨橄欖油。
· 食用時拌勻分裝小盤。

註：法國軟質山羊乳酪本身已有相當鹹味，加鹽調味時要減量。

食材：	· 小番茄	調料：
	· 藍莓果乾	
· 薄荷	· 法國軟質山羊	· 四色胡椒碎
· 香蜂草	乳酪	· 岩鹽
· 小茴香	· 檸檬	· 初榨橄欖油
· 橙子		

1

2

3

4

5

6

24

芒果盤

做法：

1. 芒果洗淨削皮，依據芒果籽的方向平切取出兩邊果肉，把取下的果肉縱向切細長條。
2. 把芒果條散置擺盤，中間放一小束新鮮的香菜花，食用時把香菜花剝散撒於盤面。

食材：

· 芒果
· 香菜花

1

2

3

4

25

阿克蘇蘋果金桔沙拉

做法：

1. 無打蠟新疆阿克蘇蘋果洗淨後用刨片器刨成薄片。
2. 金桔洗淨後橫向切小片。
3. 小地榆挑嫩葉及初芽。
4. 以上食材依序鋪在盤上，擠一些檸檬汁均勻灑在上面，撒岩鹽及黑胡椒碎調味。
5. 用多孔刨刀刨一些摩拉維亞乾酪在最上層並淋上初榨橄欖油，食用時拌勻即可。

註：新疆阿克蘇蘋果酸度優雅、甜度很足，光靠乾酪的鹹度無法平衡其甜度，因此必須酌量加些檸檬汁及岩鹽調味。

食材：

· 新疆阿克蘇蘋果（冰糖心）
· 金桔
· 小地榆
· 檸檬

調料：

· 黑胡椒碎
· 岩鹽
· 初榨橄欖油
· 摩拉維亞乾酪

香橙番茄乳酪沙拉

做法：

1. 橙子去皮依果瓣。向取肉後切小塊。
2. 小番茄切成四等份。
3. 費塔山羊乳酪切小丁。
4. 薄荷及迷迭香取嫩葉切碎。
5. 開心果去殼取出果仁去膜掰成兩瓣和松子一同用小煎鍋以小火翻炒烤出香氣，
   靜置備用。
6. 取一大碗把橙子肉塊、小番茄瓣、山羊乳酪丁、薄荷碎、迷迭香碎，全部放入
   後，加黑胡椒碎、岩鹽、白葡萄酒醋、初榨橄欖油，把以上食材輕輕拌勻。
7. 裝盤時撒上烤好的開心果仁及松子仁並以迷迭香裝飾。

註：希臘費塔山羊乳酪已有相當鹹味，岩鹽酌量調味。

食材：
・橙子
・小番茄
・希臘費塔山
　羊乳酪
・迷迭香
・薄荷
・松子
・開心果

調料：
・黑胡椒碎
・岩鹽
・白葡萄酒醋
・初榨橄欖油

1

2

3

4

5

27

香蕉酪梨金桔堅果沙拉

做法:

1. 香蕉去皮切薄片,酪梨去皮去籽切薄片,金桔切薄片後去籽,以上食材放入大沙拉碗裡。
2. 杏仁片、核桃仁和南瓜子仁放入小煎鍋,開小火烤香後取出一併放入大沙拉碗裡。
3. 撒上葡萄乾、切碎的藍紋乳酪和新鮮薄荷葉。
4. 最後撒少許海鹽和黑胡椒碎並淋少許檸檬橄欖油。
5. 食用時拌勻分裝小碗即可。

食材:

・香蕉
・酪梨(牛油果)
・金桔
・杏仁片
・核桃仁
・南瓜子仁
・薄荷
・葡萄乾
・藍紋乳酪

調料:

・檸檬橄欖油
・黑胡椒碎
・海鹽

1

3

4

5

香蕉蘋果薄荷沙拉

做法：

1. 水果全部洗淨，蘋果去皮切小丁，香蕉去皮切薄片，兩者混合散置於大沙拉碗中，金桔縱向切兩半去籽後縱向切薄片，然後沿著沙拉碗邊上擺一圈。
2. 接著撒上葡萄乾、曼越莓乾、杏仁、腰果、南瓜籽、新鮮薄荷葉。
3. 擠三分之一顆新鮮檸檬汁，均勻撒在以上食材上
4. 用一醬汁碗放入杏仁粉及亞麻仁籽粉，加熱開水攪拌均勻後加入原味優格一併攪拌，接著加入蜂蜜調成濃稠醬汁。
5. 用小湯匙舀醬汁沿著沙拉碗轉圈淋兩個大小同心圓。
6. 食用時拌勻分裝到小沙拉碗。
7. 當早餐或下午茶點心皆宜。

註：杏仁、腰果、南瓜籽事先烤過讓其香氣出來。

食材：	・金桔	調料：
	・葡萄乾	
・香蕉	・曼越莓乾	・原味優格（原味酸奶）
・蘋果	・杏仁	・杏仁粉
・薄荷	・腰果	・亞麻仁籽粉
・檸檬	・南瓜籽	・蜂蜜

1

2

3

4

5

6

核桃蘋果沙拉

做法：

1. 小型蘋果洗淨削皮用挖核器把核整個挖掉，然後橫向切薄片。
2. 奇異果洗淨去皮切薄片。
3. 檸檬刷洗乾淨後用刮皮刀刮取皮絲。
4. 蘋果片鋪在沙拉盤的底層，接下來鋪奇異果片，撒預先切碎的藍紋乳酪在中央。
5. 把預先烤香的核桃碎塊散撒四周，撒上檸檬皮絲及小茴香嫩葉。
6. 最後撒一些現磨的黑胡碎並淋上蜂蜜和橄欖油。
7. 食用時拌勻即可。
8. 配核桃烤麵包，來一杯白葡萄酒也是好的選擇。

食材：	·核桃 ·藍紋乳酪	調料：
·小型蘋果 ·奇異果 ·檸檬	·小茴香	·蜂蜜 ·黑胡椒碎 ·初榨橄欖油

30

草莓奇異果沙拉

做法：

1.草莓去蒂頭週邊綠色裙擺，洗淨後用清水浸泡十分鐘全部縱向切對半。
2.奇異果洗淨後去皮，每顆橫向切兩半然後每半顆縱向切六等份。
3.芒果乾切小丁。
4.把草莓和奇異果散置於大沙拉碗中，撒上芒果乾小丁和葡萄乾，淋上蜂蜜。
5.最後撒一些椰蓉，並以新鮮薄荷葉裝飾盤面。
6.食用時拌勻分裝到小沙拉碗，配咖啡及葡萄乾土司。

食材：
・草莓
・奇異果
・薄荷
・芒果乾
・葡萄乾

調料：
・蜂蜜
・椰蓉（椰子粉）

蘋果香草沙拉

做法:

1. 蘋果洗淨去皮去籽切薄片,小茴香、小地榆、香蜂草、薄荷,洗淨後甩乾殘水摘取嫩葉。
2. 取沙拉盤,蘋果片放於盤底,擠一些檸檬汁淋上去,把四種香草鋪在蘋果片上,軟質山羊乳酪切碎散置在香草上,把烤過的杏仁、腰果、南瓜子、鼠尾草籽、羅勒籽也散置香草上。
3. 撒上黑胡椒碎、岩鹽,並淋上初榨橄欖油,最後把事先刮取的橙皮絲撒上盤面。
4. 食用時拌勻即可

食材:	·薄荷	配料:	·羅勒籽	調料:
	·新鮮橙皮絲		·軟質山羊乳	
·蘋果	·檸檬	·杏仁	酪	·黑胡椒碎
·小茴香		·腰果		·岩鹽
·小地榆		·南瓜子		·初榨橄欖油
·香蜂草		·鼠尾草籽		

32

黃桃奇異果茉莉沙拉

做法：

1. 黃桃洗淨後削皮去核切成薄片，取其中一部份切碎，奇異果削皮後縱向切對半再切成半月型薄片。
2. 切碎的黃桃放入醬料鍋中加白砂糖開大火煮開，轉小火熬煮五分鐘後關火，用電動打碎器把黃桃打成泥，取出放涼後加一些原味酸奶攪拌成醬汁。
3. 取一沙拉盤，黃桃片鋪滿盤底，奇異果薄片放在黃桃片上，淋上黃桃酸奶醬汁，中央撒上新鮮茉莉花朵，把薄荷放在邊沿。
4. 食用時拌勻並分裝小盤即可。

食材：

- 黃桃
- 奇異果
- 茉莉花
- 薄荷

調料：

- 原味優格
  （原味酸奶）
- 白砂糖

1

2

3

4

5

超簡易香蕉沙拉

做法：

1. 香蕉剝皮後果肉切段，分別放在兩個沙拉碗中。
2. 檸檬清洗時把皮刷乾淨，用刮皮器把檸檬皮刮成絲備用。
3. 藍莓洗淨後和原味優格用果汁調理機打散做成藍莓優格醬汁。
4. 一盤香蕉淋上原味優格，撒上檸檬皮絲及薄荷葉。
5. 另一盤香蕉上淋上藍莓優格，撒上薄荷葉。
6. 一種香蕉兩種口味，滿足不同的胃。

食材：

· 小型香蕉或芭蕉
· 檸檬
· 薄荷
· 藍莓

調料：

· 原味優格（原味酸奶）

1

2

3

4

黃桃無花果醬沙拉

做法：

1. 黃桃洗淨去皮切開後去核，依果型切薄瓣。
2. 藍莓洗淨後備用。
3. 無花果洗淨後切小丁。
4. 杏仁粉、燕麥粉先加熱開水拌開後放入果汁料理機，接著放入一部份無花果小丁以及蜂蜜，把上述材料打成濃稠的無花果醬汁。
5. 把黃桃薄瓣平鋪盤底，撒上藍莓、無花果小丁、淋上打好的無花果醬汁。
6. 撒上預先烤成金黃色的杏仁片以及新鮮的蜜蜂草嫩葉。
7. 食用時拌勻即可。
8. 配現磨咖啡以及杏仁小餅乾當成下午茶。

食材：

· 黃桃
· 無花果
· 藍莓
· 蜜蜂草（香蜂草）
· 杏仁片

調料：

· 杏仁粉
· 燕麥粉
· 蜂蜜

1

2

3

4

5

35

黃桃蜂蜜沙拉

做法：

1. 黃桃洗淨去皮切開並去核，依果型切成一瓣一瓣。
2. 把黃桃瓣一層一層堆疊盤上。
3. 撒上新鮮的茉莉花瓣和薄荷葉。
4. 最後淋上蜂蜜。
5. 食用時配杏仁蜂蜜烤麵包及現磨咖啡。

食材：

· 黃桃
· 茉莉
· 薄荷

調料：

· 蜂蜜

1

2

3

4

葡萄柚橙子松子沙拉

做法：

1. 葡萄柚和橙子洗淨後去皮，縱向切薄片後平鋪於沙拉盤上。
2. 吐司麵包切小丁後用油煎至金黃，撒一些黑胡椒碎拌勻後取出備用。
3. 把煎好的麵包丁和預先烤好的松子撒在水果切片上，再撒一些黑胡椒碎和海鹽，淋上香草醋、蜂蜜和初榨橄欖油。
4. 最後撒上小茴香嫩葉和花朵，食用時分裝小盤即可。

食材：

- 葡萄柚（西柚）
- 橙子
- 松子
- 吐司麵包
- 小茴香

調料：

- 黑胡椒碎
- 海鹽
- 香草醋
- 蜂蜜
- 初榨橄欖油

1　　2　　3

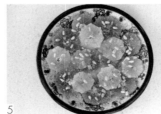

4　　5　　6

37

葡萄腰果沙拉

做法：

1. 無籽小葡萄洗淨一遍後用清水浸泡十分鐘後撈出瀝乾備用。
2. 黃桃洗淨去皮，切開後去核取肉切小丁。
3. 葡萄和黃桃丁混合後放入沙拉碗中，撒上預先烤成焦黃的腰果及新鮮的薄荷葉。
4. 淋上原味優格，以新鮮茉莉花朵裝飾。
5. 食用時拌勻，配上蛋糕和咖啡當成下午茶。

食材：

・無籽小葡萄
・黃桃
・腰果
・薄荷
・茉莉

調料：

・原味優格
　（原味酸奶）

酪梨無花果石榴沙拉

做法：

1. 水果全部洗淨瀝乾，酪梨橫向切開去子去皮後切片，無花果縱向切瓣，石榴去皮去內膜取出石榴果實，柚子去皮去內膜取出米粒狀果實，杏子果脯甜乳酪切碎。
2. 把初榨橄欖油、蜂蜜、新鮮檸檬汁調成醬汁。
3. 把之前備好的四種水果散置於沙拉盤，撒上一些海鹽和杏子果脯甜乳酪碎，放一些薄荷葉當裝飾。
4. 食用時淋上醬汁拌勻即可。

食材：

· 酪梨（牛油果）
· 無花果
· 石榴
· 柚子
· 薄荷
· 杏子果脯甜乳酪

調料：

· 初榨橄欖油
· 檸檬汁
· 蜂蜜
· 海鹽

39

葡萄藍莓沙拉

做法：

1. 無籽葡萄、藍莓洗淨後瀝乾裝入沙拉碗中。
2. 檸檬刷洗乾淨後用刮皮器刮取檸檬皮碎。
3. 把檸檬皮碎和新鮮薄荷葉撒在混裝的水果上。
4. 最後淋上原味優格。
5. 食用時拌勻即可。
6. 配巧克力蛋糕和現磨咖啡當下午茶點心。

食材：

・無籽葡萄
・藍莓
・檸檬
・薄荷

調料：

・原味優格（原味酸奶）

1

2

3

4

5

6

蜂蜜核桃水果沙拉

做法：

1.葡萄洗淨，無花果洗淨切小丁，蘋果洗淨去皮去核切小丁。
2.核桃烤出香氣放涼後掰成小碎塊。
3.三種水果丁混合裝盤，上面撒上烤好的核桃碎塊及新鮮薄荷葉，最後淋上龍眼蜂蜜
4.食用時拌勻即可。

食材：

· 無籽小葡萄
· 無花果
· 蘋果
· 薄荷
· 核桃

調料：

· 蜂蜜

1

2

3

4

酪梨芒果沙拉

做法：

1. 酪梨和芒果洗淨後去皮去籽切薄片，把酪梨片放在沙拉盤底層，把芒果片放在酪梨片上面，切碎的法國軟質山羊乳酪則散撒於芒果片上。
2. 香蜂草和薄荷洗淨後甩乾殘水，摘取嫩葉後散撒於沙拉盤周圍，擠四分之一顆新鮮檸檬汁均勻撒上。
3. 撒上四色胡椒碎和岩鹽，最後淋一些初榨橄欖油。
4. 食用時拌勻分裝小盤，配一些烤麵包和咖啡當早餐或下午茶。

註：法國軟質山羊乳酪本身已有鹹味，加鹽調味時要減量。

食材：

· 酪梨（牛油果）
· 芒果
· 香蜂草
· 薄荷
· 法國軟質山羊乳酪

調料：

· 新鮮檸檬汁
· 四色胡椒碎
· 岩鹽
· 初榨橄欖油

42

葡萄藍莓榛果沙拉

做法：

1.葡萄、藍莓洗淨後瀝乾裝盤。
2.撒上新鮮香蜂草嫩葉。
3.淋上原味優格。
4.撒一些榛果糖小顆粒。
5.食用時拌勻即可。
6.配芝麻烤麵包及現磨咖啡。

食材：

・無籽葡萄
・藍莓
・香蜂草

調料：

・原味優格（原味酸奶）
・榛果糖小顆粒

1

2

3

4

5

黃桃石榴綜合香草沙拉

做法：

1. 水果洗淨，黃桃削皮去核切瓣，石榴切開去皮取石榴籽。
2. 香草全部洗淨甩乾水分，摘取嫩葉及花朵。
3. 香草莢用刀切開刮取香草籽，把香草籽和檸檬汁、新鮮淡奶油及白砂糖混合，用電動攪拌器拌打均勻做成香草奶油醬。
4. 取大沙拉盤，黃桃切瓣放中間，石榴沿四周擺放，撒上薄荷、紫蘇、鼠尾草、蒔蘿、百里香，羅勒的嫩葉或花朵。
5. 淋上香草奶油醬，食用時拌勻分裝小盤即可。
6. 配鮮榨葡萄柚汁和巧克力蛋糕當下午茶點心。

食材：
・黃桃
・石榴
・薄荷
・蒔蘿
・紫蘇
・鼠尾草
・羅勒
・百里香

調料：
・檸檬汁
・新鮮淡奶油
・白砂糖
・香草籽

44

藍莓無花果沙拉

做法：

1. 藍莓洗淨備用，無花果洗淨切小丁，蘋果洗淨削皮去核取肉切小丁。
2. 新鮮檸檬羅勒洗淨後甩乾水分，摘取花朵及嫩葉備用。
3. 蘋果丁及無花果丁散置於沙拉碗中，上層鋪上藍莓。
4. 淋上原味優格並撒上檸檬羅勒花朵及嫩葉。
5. 食用時分裝到小沙拉碗並拌勻即可。
6. 配咖啡和烤麵包當早餐或是和甜點一起當下午茶。

食材：

· 藍莓
· 無花果
· 蘋果
· 檸檬羅勒

調料：

· 原味優格（原味酸奶）

1

2

3

4

45

鼠尾草花水果沙拉

做法：

1. 蘋果、芒果、奇異果，洗淨去皮取果肉後切成小丁。
2. 油桃洗淨不去皮取果肉後切小丁。
3. 蕎麥粒杏仁粉和亞麻仁籽燕麥粉用熱開水攪拌均勻，待稍涼後加入蜂蜜調成醬汁。
4. 上述四種水果丁放入一玻璃大碗，撒上新鮮的薄荷葉和鼠尾草花朵，最後淋上調好的醬汁。
5. 食用時拌勻即可。

食材：

· 蘋果
· 油桃
· 芒果
· 奇異果
· 鼠尾草花
· 薄荷

調料：

· 蕎麥粒杏仁粉
· 亞麻仁籽燕麥粉
· 蜂蜜

1

2

3

4

綜合水果堅果沙拉

做法:

1. 蘋果、奇異果、水蜜桃,去皮切片,藍黴乳酪切碎。
2. 杏仁片、松子、腰果、核桃,用小煎鍋以小火翻烤至香氣出來呈焦黃色。
3. 取一玻璃盤,把三種水果散置盤底,把烤好的綜合堅果撒在上面,再以薄荷葉裝飾盤面。
4. 最後撒一點岩鹽,並淋上少許檸檬汁、香草醋和初榨橄欖油。
5. 食用時拌勻即可。

註:藍紋乳酪本身帶鹹味,岩鹽用量要斟酌,檸檬汁及香草醋要根據水果的甜度來調整用量才能達到口感的平衡。

食材:
· 蘋果
· 水蜜桃
· 奇異果
· 杏仁片
· 腰果
· 松子
· 核桃
· 薄荷
· 藍紋乳酪

調料:
· 檸檬汁
· 香草醋
· 橄欖油
· 岩鹽

47

橙柚火腿沙拉

做法：

1.橙子洗淨，去皮前先用刮皮器刮取橙皮絲備用。
2.橙子和葡萄柚洗淨後去皮，依果瓣方向一瓣一瓣取肉。
3.把取出的果瓣交錯圍成一圈鋪在盤底。
4.中間放西班牙火腿片。
5.撒一些黑胡椒碎和少許海鹽，淋上茴香醋。
6.再撒橙皮絲、預先烤好的杏仁片及新鮮小茴香葉。
7.食用時拌勻分裝到小盤上。
8.當前菜或下午茶喝咖啡時配蛋糕。

食材：

· 橙子
· 葡萄柚
· 西班牙火腿片
· 小茴香
· 杏仁片

調料：

· 黑胡椒碎
· 初榨橄欖油
· 茴香醋

1

2

3

4

熱情水果沙拉

做法：

1. 櫻桃洗淨切對開去籽。
2. 芒果、奇異果、香蕉、蘋果洗淨後去皮取肉切小丁。
3. 以上水果丁散置於一大沙拉碗中。
4. 撒上新鮮薄荷葉及掰碎的開心果。
5. 最後淋上原味優格。
6. 用小沙拉碗分食，食用時拌勻即可。
7. 當飯後甜點也可。

食材：

· 櫻桃
· 芒果
· 蘋果
· 奇異果
· 香蕉

調料：

· 原味優格（原味酸奶）

1

2

3

4

鼠尾草花葡萄沙拉

做法：

1.無籽紅色小葡萄洗淨橫向切對半。
2.奇異果、蘋果、香蕉去皮取肉切小丁。
3.以上水果散置於沙拉碗中。
4.撒上鼠尾草花朵。
5.淋上現榨檸檬汁。
6.食用時拌勻即可。

食材：

・無籽紅色小葡萄
・奇異果
・蘋果
・香蕉
・鼠尾草花

調料：

・檸檬汁

橘子蘋果葡萄香草醬沙拉

做法：

1. 水果洗淨，無籽小橘子去皮橫向切成兩半後一瓣一瓣掰開，蘋果去核切小丁，
   葡萄每顆去蒂，以上三種水果混合散置於大沙拉碗中。
2. 香草莢用小刀縱向劃開刮取香草籽，檸檬橫向切開成兩半搾汁，把香草籽、檸
   檬汁和淡奶油混合再加入果糖攪拌均勻，再用電動攪拌器打到淡奶油乳化即製
   成檸檬奶油醬。
3. 把薄荷葉沿沙拉碗擺放一圈，在中間淋上檸檬奶油醬。
4. 食用時分裝小碗並拌勻即可。

食材：

・無籽小橘子
・蘋果
・無籽小葡萄
・薄荷

調料：

・檸檬
・果糖
・淡奶油（鮮奶油）
・香草籽

51

蜜柑雙柚薄荷沙拉

做法：

1. 檸檬刷洗乾淨先用刮皮器刮取檸檬皮絲，切開果肉榨取檸檬汁。
2. 柚子去外皮和內皮取肉後掰成塊狀。
3. 葡萄柚洗淨去皮，放一大碗在下面接汁，依果瓣方向一瓣一瓣把果肉取出。
4. 蜜柑洗淨去皮，把剛剛接葡萄柚汁的大碗放在下面，把蜜柑瓣的薄膜撕離。
5. 大碗內此時已承接了葡萄柚和蜜柑的殘汁，再加入檸檬汁和蜂蜜調成醬汁。
6. 把以上三種水果混合裝入沙拉碗，淋上醬汁，並撒上新鮮的薄荷花朵和嫩葉，
   這是一道柑柚成熟季節的最佳禮讚。

食材：

· 蜜柑或茂谷柑
· 葡萄柚
· 柚子
· 檸檬
· 薄荷

調料：

· 蜂蜜

1

2

3

4

5

6

52

蜜李沙拉

做法：

1.蜜李刷洗乾淨切開去核，依果型切薄片。
2.檸檬刷洗乾淨先用刮皮器刮取檸檬皮絲，然後切開榨取檸檬汁。
3.芒果洗淨去皮取肉切小丁。
4.把芒果小丁、淡奶油、檸檬汁、檸檬皮絲、白砂糖，用果汁料理機打成醬汁。
5.蜜李薄片用沙拉碗盛裝，淋上剛打好的醬汁，撒上新鮮薄荷葉。

註：檸檬皮絲用量不要太多，主要是調色和增加香氣而已。

食材：

・蜜李
・薄荷
・檸檬

調料：

・淡奶油（鮮奶油）
・檸檬皮
・白砂糖
・芒果

1

2

3

4

薄荷蘋果石榴沙拉

做法：

1. 檸檬橫向切兩半，取半顆榨汁加少許冷開水裝在淺盤裡。
2. 無打蠟蘋果洗淨後切薄片，每片放入淺盤裡雙面浸泡檸檬水後再縱向切成長條。
3. 石榴切開去皮去內膜取出石榴子。
4. 把蜂蜜、白葡萄酒醋和初榨橄欖油混合調成醬汁。
5. 把蘋果條裝盤後撒上石榴子，淋上醬汁後放一些薄荷當裝飾。

註：想讓薄荷香氣更濃，可以切碎後和醬汁混合一起淋上。

食材：

· 無打蠟蘋果
· 石榴
· 薄荷
· 檸檬

調料：

· 蜂蜜
· 白葡萄酒醋
· 初榨橄欖油

1

2

3

4

5

6

簡易橙柚沙拉

做法：

1.橙子刷洗乾淨用刮皮器刮取橙皮絲，然後去皮依果瓣方向一瓣一瓣取肉。
2.小柚子洗淨去外皮及內皮，取出果瓣後掰成塊。
3.橙子和小柚子混合裝盤，撒上橙皮絲和紫蘇花朵和嫩葉。
4.淋一些荔枝花蜜。
5.食用時拌勻即可。

食材：

・小柚子（文旦）
・無打蠟橙子
・紫蘇

調料：

・蜂蜜（荔枝花蜜）

1

2

3

4

55

簡易黃色水果沙拉

做法：

1.芒果去皮取果肉切丁。
2.橙子去皮順著果瓣取肉切丁。
3.芒果丁及橙子丁散置於玻璃碗。
4.撒上新鮮的蜜蜂草嫩葉。
5.最後淋上原味優酪乳。
6.食用時拌勻即可。

食材：

・芒果
・橙子
・蜜蜂草（香蜂草）

調料：

・原味優格（原味酸奶）

1

2

3

4

水果三絲沙拉

做法：

1. 水梨、蘋果、哈密瓜全部洗淨削皮取肉後切絲。
2. 種水果絲散置於沙拉盤中。
3. 預先烤好的白芝麻和蜂蜜混合製成醬汁，淋在水果絲上。
4. 把檸檬羅勒和紫梗羅勒的花苞放在沙拉盤周圍繞一圈，最後撒一些檸檬羅勒的
   花朵在中央
5. 食用時拌勻即可。
6. 配咖啡和甜點當下午茶。

食材：　　　·哈密瓜　　　　調料：
　　　　　　·檸檬羅勒
　·水梨　　　·紫梗羅勒　　　·蜂蜜
　·蘋果　　　　　　　　　　　·白芝麻

1

2

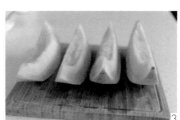
3

4

5

6

57

藍紋乳酪水果沙拉

做法：

1. 蘋果洗淨去皮切開去核後依果型切薄瓣。
2. 奇異果洗淨去皮後橫向切薄片。
3. 蘋果薄瓣平鋪盤底，奇異果薄片鋪在第二層。
4. 撒上預先烤好的核桃碎塊及預先切碎的藍紋乳酪。
5. 再撒上新鮮蜜蜂草嫩葉，最後淋上蜂蜜及初榨橄欖油。
6. 食用時拌勻即可。

食材：

・蘋果
・奇異果
・核桃
・藍紋乳酪
・蜜蜂草（香蜂草）

調料：

・蜂蜜
・初榨橄欖油

蘋果鳳梨杏子沙拉

做法：

1. 水果全部洗淨，蘋果和鳳梨削皮切小丁，杏子去核切小丁，山竹去皮取果實撥成一瓣一瓣，藍莓保持整顆，全部水果散置於大玻璃沙拉碗裡。
2. 核桃仁、杏仁粒、爆米花烤香後加入沙拉碗中，擠一些新鮮檸檬汁並淋一些蜂蜜進去，接著撒一些海鹽和四色胡椒碎。
3. 刨一些帕馬森乾酪並加入新鮮的薄荷葉、香菜花和鼠尾草花，最後淋上初榨橄欖油。
4. 食用時拌勻分裝小碗，配咖啡和小餐包當早餐或下午茶點心。

食材：	·香菜花	調料：
	·鼠尾草花	
·蘋果	·檸檬	·海鹽
·鳳梨	·核桃仁	·蜂蜜
·杏子	·杏仁粒	·四色胡椒碎
·山竹	·爆米花	·初榨橄欖油
·藍莓	·帕瑪森乾酪	
·薄荷		

1

2

3

4

5

59

少女之心水果沙拉

做法：

1. 黃桃洗淨去皮去核取肉後切小丁。
2. 奇異果洗淨去皮切小丁。
3. 把切好的黃桃和奇異果散置於玻璃盅裡。
4. 上層擺上茉莉花朵並撒上新鮮薄荷葉。
5. 最後淋上原味優格。
6. 食用時以小沙拉碗分裝並拌勻即可。
7. 搭配現磨咖啡和小麵包，帶著黃桃果香和茉莉花香的沙拉有如少女清純的情懷。

食材：　　·茉莉　　　調料：
　　　　　·薄荷
·黃桃　　　　　　　　·原味優格（原味酸奶）
·奇異果

1

2

3

4

5

楊塵作品系列

畫意攝影（1）
我的攝影之路：用光作畫

慢慢自己才發現，原來虛實交錯之間存
在一種曼妙的美感……

288幅攝影作品，是作者以大自然的景
物為題材，透過曝光的增強和減弱用以
表達對特定主題的美學詮釋，希望能引
發觀者的無限遐想！
時空橫跨30年，收錄288幅攝影作
品，以大自然的一花一樹一草一石，山
水文物等主題為主，輔以作者拍攝當下
的心境小語，嘗試拍出一種趨近繪畫藝
術，傳達整體攝影畫面的意境與美感。

吃遍東西隨手拍（1）
吃貨的美食世界

一面玩，一面吃，一面拍，將美食幸福
傳遞給生命中的每個人！

◎收錄143幀照片與小品文字，作者走
　踏臺灣、商旅中國、遊訪各國的美
　食紀錄。
◎運用隨身攜帶的手機或平板拍攝美
　食，為生活中的食物留下美麗的身
　影。
◎簡單的攝影技巧，一枝熱情的筆，幸
　福的滋味變得如此盎然滿足。

美食，是安穩現代人最大的小確幸，將
美味食物、親友的共享的畫面，鎸刻在
生活中的點點滴滴中。
享受美食與拍照變成現代人一種生活的
顯學。
並感謝每張照片背後的人們和我一起共
同經歷的時光和歲月～～

楊塵生活美學（1）

峰迴路轉

走遍南北隨手拍（1）

凡塵手記

歌詠風華必以璀璨的青春，一本用手機
紀錄生活的攝影小品。

◎用手機捕抓美麗的景象，用筆揮灑繽
　紛的心情，成就一片月光流域！
◎隨緣捕捉生活周遭的事物，將圖文傳
　送給生命中一起經歷過的人。
◎108篇生活手記+照片，活用與展現
　智慧手機與平板的拍照性能。

當鏡頭凝眸，文字流瀉成詩意，靈魂便
與現實悸動的碰觸，留下永恆的剎那。
本書集結許多利用小平板、手機拍下的
有趣日常，展現隨時隨地收集這個世界
的情與景，再搭配屬於它們的小故事，
領大家進入一個繽紛多彩的世界，原來
生活可以這麼愜意，這麼美！

以文字和照片共譜的生命感言，告訴我
們原來生活也可以這麼美！

◎懇切的心靈告白，引你放空歸零，走
　過回歸自我途上最艱難的起點。
◎從親近自然的世界行旅到栽花種樹、
　炙火庖廚的日常勞動，諸多不同的
　生活品味與人生景緻美不勝收。
◎超過250張寫真+12篇散文+十餘首
　詩作的生活美學紀錄，邀您一同發
　現生命的峰迴路轉。

人生之路有時無法一路到底，另闢行徑
往往峰迴路轉，發現許多截然不同的風
景和生活的美學。當嘗試放空歸零，人
一自在，心境就會由混濁漸化澄明，重
新認識我們依存的現實世界，發現生活
與世界的美。

楊塵作品系列

楊塵生活美學（2）
我的香草花園和香草料理

好看、好吃、好栽培！輕鬆掌握「成功養好香草」、「完美搭配料理」的生活美學！

◎16種常見料理香草、花卉栽培及食譜搭配簡介，手做家庭香料美食不可錯過的最佳指南。
◎方便管理、健康療癒，在自家陽台就能打造屬於自己的香草花園！
◎全書超過500張實境照片，無論植物外觀、料理特色，精彩地呈現香草植物的園藝之美與美食之色。

從打開本書開始，你也可以擁有一座自己專屬的香草花園，不管是在大廈的露台或家裡的陽台，它都會在不同季節，為你飄送不同的芬芳和情意。

楊塵私人廚房（1）
我愛沙拉

熟男主廚的147道輕食料理，一起迎接健康、自然、美味的無負擔新生活。

◎以蔬菜、水果入菜，健康、自然、美味的147道沙拉料理。
◎善待自己的第一步：從日常生活飲食自己動手開始。
◎在家也能隨心所欲製作自己喜歡的餐點，自由、有創意更能心滿而意足。

從營養的角度來看，蔬菜和水果生吃最能保有食物的原始營養元素，沙拉的主力食材即是新鮮的蔬菜和水果，這也是現代輕食主義的精髓所在。
熟男主廚楊塵整理日常生活中的沙拉製作心得、私房的沙拉醬料小撇步，教你如何吃出無負擔的健康美食生活。

楊塵私人廚房（2）
家庭早餐和下午茶

熟男私房料理148道西式輕食，歡聚、聯誼不可或缺的美食小點！

◎歡聚、聯誼，絕對不可缺少的148道
　西式輕食！
◎居家休閒，朋友相聚、商務洽談，輕
　鬆的下午茶聚會信手捻來。
◎聚餐不用外燴，在家也能隨心所欲製
　作創意安心又健康的聚會料理。

下午茶的聚會因給人一種放鬆和自在的社交模式而廣受歡迎，但外面餐廳眾多，美食如林，卻不見得都符合個人口味和需求。自己動手做早餐或下午茶點，不但可以掌握衛生條件，且完全可依個人口味調整。立刻來場拉近親友距離的美食聚會吧！

楊塵私人廚房（3）
家庭西餐

熟男主廚私房巨獻，經典與創意調和的147道西餐！

◎經典＋創意，147道西式料理，在家
　隨時享受料理美食的心滿意足！
◎煎鍋＋烤箱，主廚級經典西餐輕鬆上
　桌。
◎不論藍領、白領、小資、學生，不必
　科班，立刻讓你西餐料理直逼餐館
　水平。

西餐的主力是煎烤，家庭廚房只要準備的煎鍋和烤箱加上好的食材與烹飪得法，家庭西餐完全可以到達西餐餐館的水平，若再加上個人的天賦和創意，家庭料理完全可以依據自己喜歡的菜餚來製作，絲毫不用拘束，在享受美食的心滿意足之餘，更獲得心靈的自由靜好，這更不是在一般泛泛餐館用餐可以比擬了。

國家圖書館出版品預行編目資料

我愛沙拉／楊塵著. --初版.--新竹縣竹北市：楊
塵文創工作室，2019.11
　　面；　公分.——（楊塵私人廚房；01）
ISBN　978-986-94169-5-5（平裝）
1.食譜
427.1　　　　　　　　　　　108013304

楊塵私人廚房（01）
我愛沙拉

作　　者　楊塵
攝　　影　楊塵
發 行 人　楊塵
出　　版　楊塵文創工作室
　　　　　302-64新竹縣竹北市成功七街170號10樓
　　　　　電話：（03）6673-477
　　　　　傳真：（03）6673-477
設計編印　白象文化事業有限公司
　　　　　專案主編：林孟侃　經紀人：吳適意
經銷代理　白象文化事業有限公司
　　　　　412台中市大里區科技路1號8樓之2（台中軟體園區）
　　　　　出版專線：（04）2496-5995　　傳真：（04）2496-9901
　　　　　401台中市東區和平街228巷44號（經銷部）
　　　　　購書專線：（04）2220-8589　　傳真：（04）2220-8505
印　　刷　基盛印刷工場
初版一刷　2019年11月
定　　價　400元

缺頁或破損請寄回更換
版權歸作者所有，內容權責由作者自負